Dominic Vierneisel (Hrsg.)

CAMPER CLEVER KAUFEN

DIE BESTEN GEBRAUCHTEN WOHNMOBILE UND CAMPERVANS

CARAWORLD promobil Motor buch Verlag

IMPRESSUM

Einbandgestaltung: Sven Rauert
Herausgeber: Dominic Vierneisel
Foto: Die Bildquellen sind eingangs der jeweiligen Kapitel vermerkt.
Weitere Motive stammen von Getty Images (3,10,40,174).

ISBN: 978-3-613-04854-6

1. Auflage 2026

Sie finden uns im Internet unter **www.motorbuch-verlag.de**

Lektorat: Bernd Keidel
Satz: Markus Köllmann, tebitron gmbh
Druck und Bindung: Graspo CZ, 763 02 Zlín
Printed in Czech Republic

Volumen schlägt Luxus

Wer hierzulande einen gebrauchten Camper sucht, landet fast zwangsläufig bei Caraworld, einem der größten deutschen Online-Portale für neue und gebrauchte Freizeitfahrzeuge. Die Daten dieses digitalen Marktplatzes, zeigen, worauf es beim Camper-Kauf wirklich ankommt.

Der Wohnmobilmarkt wirkt auf den ersten Blick riesig und unübersichtlich – tatsächlich wird er 2025 von wenigen, klar erkennbaren Mustern geprägt. Bei den Verkäufen dominieren vor allem Marken, die mit breiten Baureihen, bekannten Grundrissen und hoher Verfügbarkeit punkten: klassische »Brot-und-Butter«-Konzepte, die für viele Käufer den besten Kompromiss aus Alltagstauglichkeit, Preis und Ausstattung liefern. Parallel verschiebt sich der Gebrauchtmarkt: Die durchschnittlich verkauften Fahrzeuge sind in den letzten Jahren spürbar jünger geworden, was die Chancen auf moderne Technik erhöht – ohne die Notwendigkeit einer sorgfältigen Prüfung zu ersetzen. Auch die Preisverteilung zeigt, wo die Musik spielt: Das meiste Volumen entsteht in der Mitte des Marktes, während Premiumbereiche deutlich weniger Stückzahlen bringen. Besonders spannend wird der Abgleich von Online-Interesse und realen Abschlüssen: Was häufig gesucht wird, wird nicht automatisch genauso häufig gekauft. Und schließlich stellt sich eine Frage fast überall gleich: Welches Basisfahrzeug steckt darunter? Hier bleibt Fiat mit dem Ducato die zentrale Plattform – im Neu- wie im Gebrauchtgeschäft.

Inhalt

Integriert

Kompakt / Kastenwagen / Campervan

Sonstige / US-Modelle

Finanzieren und versichern

Marktanalyse

Die Zahlen deuten auf einen Markt hin, in dem Stückzahlen vor allem über »Brot-und-Butter«-Konzepte entstehen: Hobby liegt mit gut einem Fünftel vorn, Knaus und VW folgen mit jeweils klar zweistelligen Anteilen. Zusammen dominiert dieses Trio bereits mehr als die Hälfte des betrachteten Absatzes. Auffällig ist dabei, dass gerade Marken mit breiter Modellpalette und hoher Alltagsnähe (vom klassischen Teilintegrierten bis zum Campingbus) besonders stark sind – hier wird weniger über Exklusivität als über Verfügbarkeit, bekannte Namen und massentaugliche Grundrisse verkauft.

Die zweite große Säule bilden Weinsberg und Carado mit ebenfalls zweistelligen Anteilen. Beide stehen für stark standardisierte, preislich zugängliche Baureihen, die in großer Zahl in den Markt kommen – ein typisches Muster in Zeiten, in denen viele Käufer möglichst schnell ein passendes Fahrzeug finden wollen. Hymer ist als etablierte »Aufstiegs«-Marke deutlich vertreten, bleibt aber in der Menge hinter den Volumenmarken.
Im Mittelfeld liegen Sunlight und Dethleffs mit spürbaren, aber deutlich kleineren Anteilen. Marken wie Carthago oder Crosscamp tauchen hingegen eher als Spezialisten auf: Sie sind relevant für bestimmte Zielgruppen und Konzepte, prägen das Gesamtvolumen aber nicht. Insgesamt zeigt sich: Die Masse wird von wenigen großen Marken gemacht, während Premium- und Nischenanbieter eher über Profil und Marge als über Stückzahl wirken.

Die Entwicklung des Durchschnittsalters zeigt, dass der Gebrauchtmarkt zuletzt spürbar »jünger« geworden ist. Während 2015 die im Jahresverlauf verkauften gebrauchten Camper im Schnitt noch deutlich über acht Jahre alt waren, liegen die jüngsten Werte 2024/2025 nur noch bei rund fünf bis sechs Jahren. Das spricht dafür, dass inzwischen wesentlich mehr

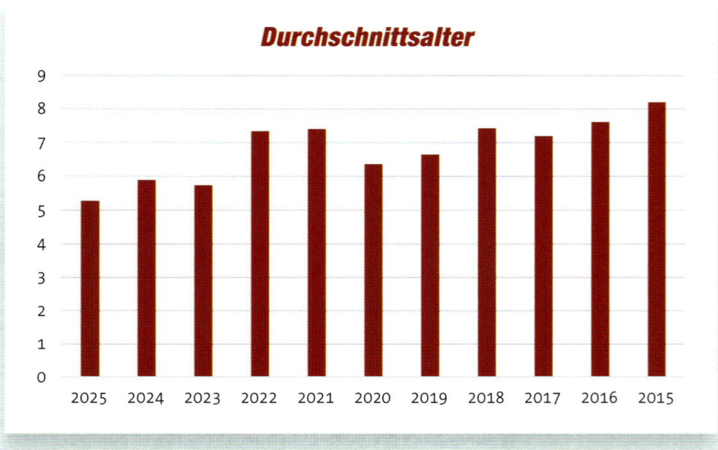

relativ junge Fahrzeuge in den Zweitmarkt nachrücken – etwa aus kurzen Haltedauern, Leasing-/Finanzierungszyklen oder weil Käufer nach wenigen Saisons auf ein anderes Konzept wechseln.

Auffällig ist der Knick ab 2020: Nach einem Zwischenhoch 2021/2022 (über sieben Jahre) sinkt das Durchschnittsalter ab 2023 kontinuierlich. Das passt zu einem Markt, in dem sich Angebot und Nachfrage nach den Ausnahmejahren neu sortieren: Zunächst wurden länger gehaltene, ältere Fahrzeuge stärker gehandelt, später kamen wieder vermehrt jüngere Modelle auf den Markt. Für Kaufinteressierte heißt das: Die Chance auf modernere Technik und frischere Aufbauten ist gestiegen – die sorgfältige Prüfung von Dichtigkeit, Bordtechnik und Wartung bleibt aber entscheidend, weil auch junge Fahrzeuge verdeckte Mängel haben können.

Die Preisverteilung 2025 zeigt einen klaren Schwerpunkt im mittleren Segment: Am häufigsten wechseln Fahrzeuge in den Klassen zwischen 50.000 und 60.000 Euro sowie 60.000 bis 80.000 Euro den Besitzer. Das ist typisch für einen Markt, in dem sich gut ausgestattete, alltagstaugliche Modelle (neu oder junge Gebrauchte) besonders stark drehen: Hier treffen ausreichender Komfort und moderne Bordtechnik auf Preise, die für viele Käufer noch erreichbar sind.

Darunter gibt es zwar einen breiten »Sockel« an Transaktionen bis 30.000 Euro, er verteilt sich aber auf mehrere Stufen – ein Hinweis darauf, dass günstige Gebrauchte zwar zahlreich sind, jedoch nicht in einer einzigen dominanten Preisklasse kulminieren.

Oberhalb von 80.000 Euro wird es deutlich dünner: Diese Bereiche sind stärker von premiumorientierten Fahrzeugen geprägt und bleiben mengenmäßig klar hinter dem Volumensegment zurück. Insgesamt wirkt der Markt damit »mittig«: Die größte Dynamik entsteht dort, wo Preis, Ausstattung und Nutzbarkeit für die Mehrheit am besten zusammenpassen.

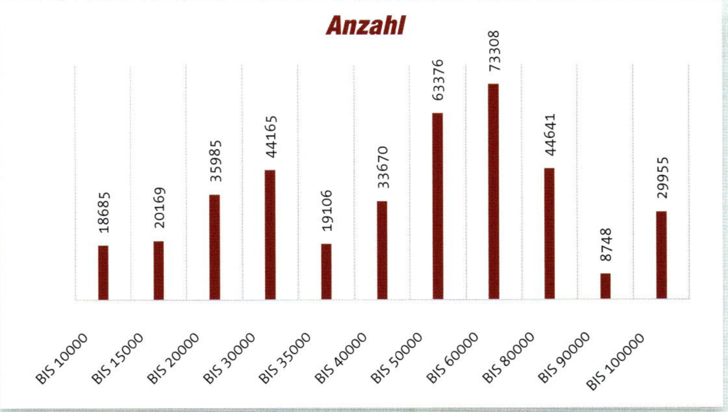

In der Statistik wird deutlich, dass Online-Interesse und tatsächliche Käufe nicht automatisch deckungsgleich sind. Einige Segmente dominieren zwar die Suchanfragen – sie stehen offensichtlich ganz oben auf der Wunschliste vieler Interessenten –, ihr Anteil an den realen Verkäufen fällt im Vergleich dazu aber geringer

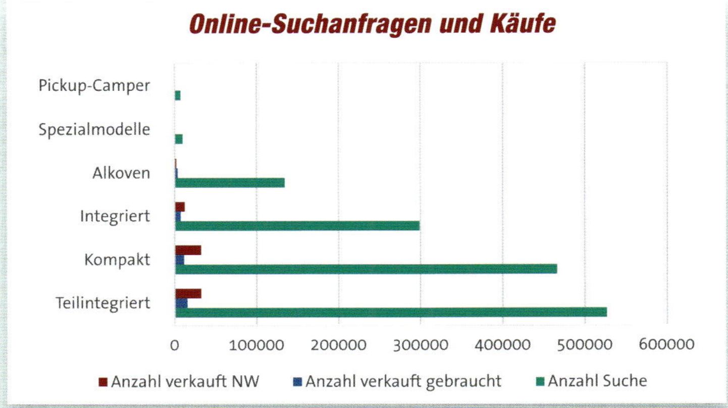

aus. Das wirkt wie ein typischer »Aspirations-Effekt«: Man informiert sich intensiv über bestimmte Fahrzeugarten, entscheidet sich am Ende jedoch häufiger für eine Alternative, die besser zum Budget, zur Führerscheingrenze oder zur praktischen Nutzung passt. Umgekehrt gibt es Kategorien, die in den Suchdaten weniger auffällig sind, beim Blick auf die Verkäufe aber überproportional stark werden – ein Hinweis darauf, dass hier pragmatische Kaufentscheidungen fallen, etwa weil diese Fahrzeuge am Markt gut verfügbar sind und ein stimmiges Preis-Leistungs-Paket bieten.

Spannend ist außerdem der Unterschied zwischen Neu- und Gebrauchtmarkt: In einzelnen Segmenten konzentrieren sich die Abschlüsse stärker auf Gebrauchte, was auf preissensiblere Käufer und die Suche nach »mehr Fahrzeug fürs Geld« hindeutet. In anderen Bereichen ist der Neufahrzeuganteil vergleichsweise hoch – dort spielen häufig Ausstattung, Garantie, planbare Technik und der Wunsch nach einem »sauberen Start« eine größere Rolle. Insgesamt zeigt die Gegenüberstellung aus Suchanteilen und Verkaufsanteilen sehr anschaulich, wo Nachfrage eher aus Inspiration und Informationssuche besteht – und wo sie sich besonders direkt in konkrete Transaktionen übersetzt.

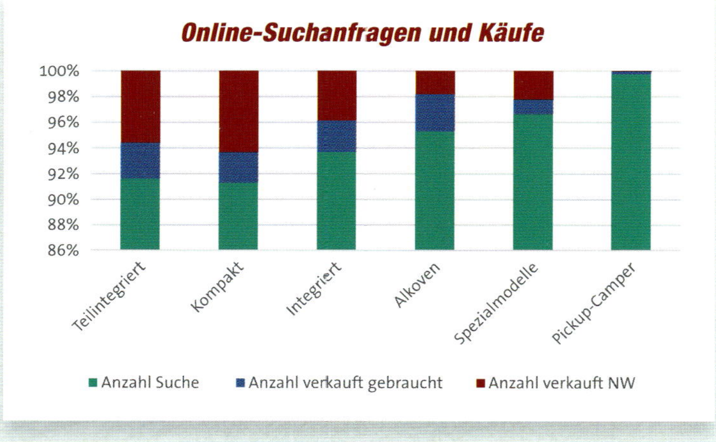

Im Basisfahrzeug-Mix 2025 ist das Bild eindeutig: Fiat dominiert den Neu- wie auch den Gebrauchtmarkt klar – getragen vom Ducato. In der Summe liegt Fiat mit großem Abstand vor allen anderen Herstellern und ist damit das prägende »Rückgrat« des Marktes: Viele Aufbauten sind konstruktiv, technisch und auch in der Werkstattpraxis auf den Ducato als Standardplattform zugeschnitten, was Verfügbarkeit, Ersatzteilversorgung und Bekanntheit bei Käufern zusätzlich stärkt.

Das Verfolgerfeld ist deutlich kleiner und verteilt sich auf mehrere Marken: Mercedes-Benz spielt als relevante Alternative vor allem in höher positionierten Fahrzeugen eine sichtbare Rolle, während Ford und Citroën ebenfalls nennenswerte Anteile erreichen – oft über baugleiche bzw. eng verwandte Plattformen im Stellantis-Umfeld oder über attraktive Preis-Leistungs-Angebote. VW ist im Vergleich dazu spürbar kleiner vertreten und stärker auf bestimmte Kastenwagen-/Van-Konzepte konzentriert. Iveco und Peugeot bleiben Nischen, und Hersteller wie MAN, Renault, Opel und Toyota tauchen 2025 nur randständig auf.

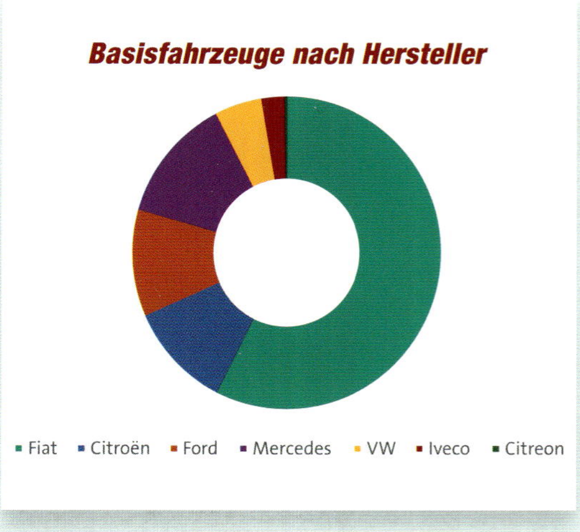

Ein Blick in die Suchanfragen auf Caraworld zeigt, dass sich das Interesse vieler Käufer weniger um »Lifestyle«, sondern sehr konkret um Komfort- und Technikthemen dreht. Ganz vorn stehen Heiz- und Warmwasserlösungen: Besonders häufig wird nach Fußbodenheizung mit Warmwasser, Warmwasserheizung und der ALDE-Warmwasserheizung gesucht – ein klarer Hinweis darauf, wie wichtig ganzjährige Nutzbarkeit und angenehmes Raumklima inzwischen sind. Ebenfalls stark nachgefragt sind Klimaanlagen in allen Varianten (Dach, Standklima, Unterflur, Klimaautomatik) sowie Klassiker wie Anhängerkupplung und Tempomat: also genau die Ausstattungen, die im Alltag und auf langen Strecken den größten Unterschied machen. Dazu kommen typische Sicherheits- und Bedien-Features wie Zentralverriegelung und ESP, aber auch praktische Campingthemen wie separate Dusche, Außendusche, Doppelboden oder Rückfahrkamera.

Interessant ist, was im Vergleich dazu kaum gesucht wird: Dinge wie Isofix, Regensensor oder Luftfederung an der Hinterachse spielen in den Suchfiltern nur eine Nebenrolle, ebenso Spezialitäten wie eine 360-Grad-Einparkhilfe. Und ein paar echte Randthemen zeigen, wie speziell manche Filter sind – etwa Schnellspannklappstützen oder Frosterfach Maxi: vorhanden, aber für die meisten Käufer offensichtlich kein entscheidendes Suchkriterium. Insgesamt macht die Liste deutlich: Gesucht wird vor allem Ausstattung, die spürbar mehr Autarkie, Klima-Komfort und Alltagstauglichkeit bringt.

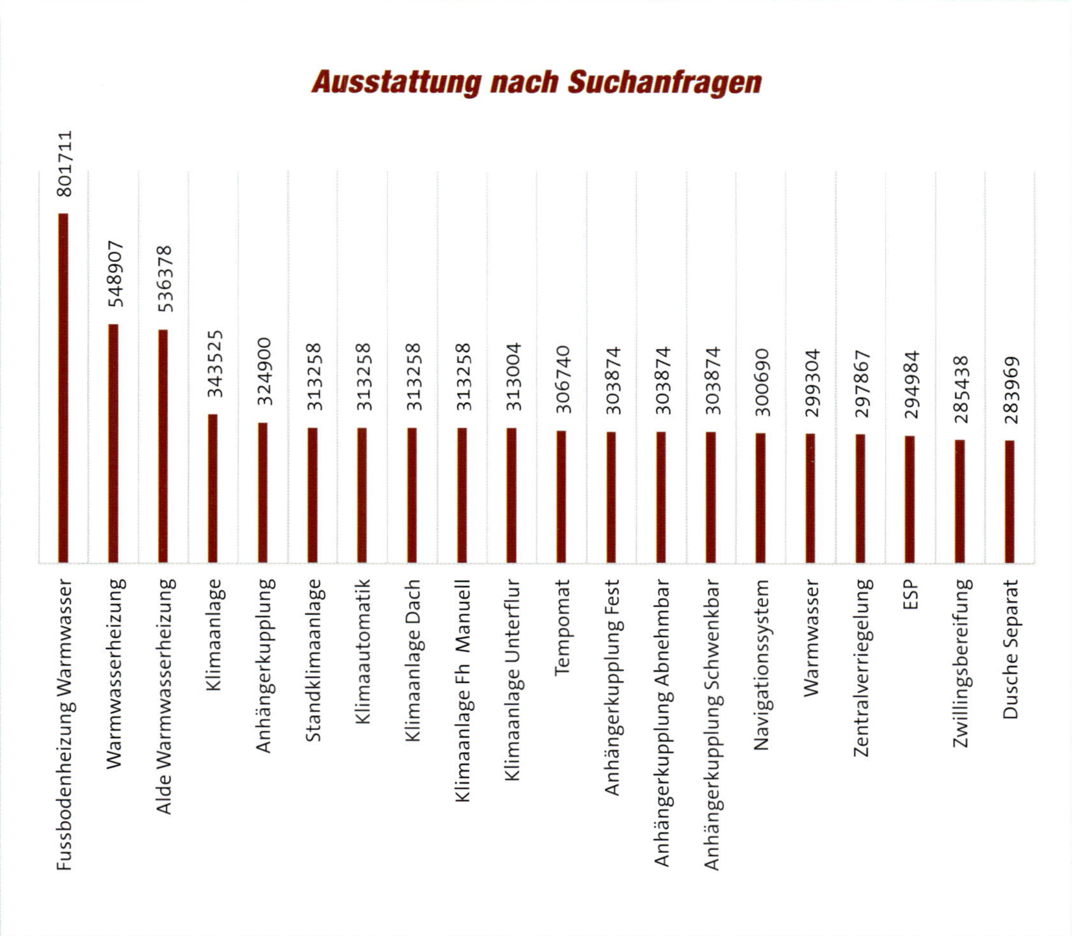

*alle Angaben basieren auf Daten der Plattform Caraworld

Aus xter Hand!

Zwar steigert Zubehör den Kaufpreis, doch nicht alles ist so sinnvoll wie ein Radträger.

Gebrauchte Wohnmobile und Caravans sind der günstigste Einstieg ins schönste Hobby der Welt und entsprechend gefragt. Beim Kauf heißt's kritisch hinzusehen, um teure Risiken zu vermeiden.

Text G. Kupper/U. Kohstall/D. Vierneisel
Fotos Ingolf Pompe, McRent, Archiv

Zwar steigert Zubehör den Kaufpreis, doch nicht alles ist so sinnvoll wie ein Radträger.

Mehr als ein Schönheitsfehler: gebrochene Kunststoffteile, die für ältere Modelle nicht immer lieferbar sind.

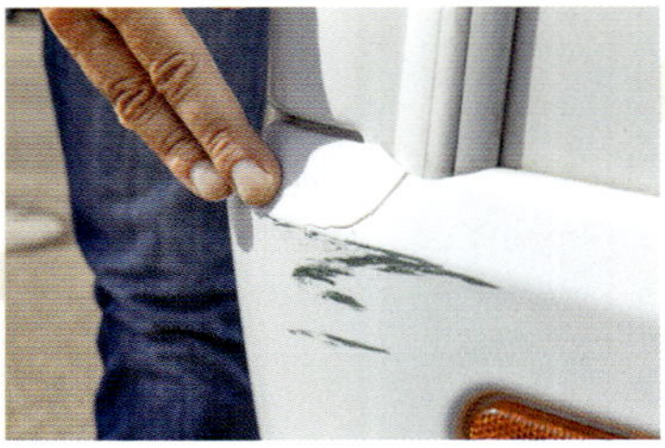

Die Tipps, die hier zu lesen sind, beziehen sich in erster Linie auf gebrauchte Wohnmobile. Abgesehen vom Basisfahrzeug lassen sie sich aber auch auf Caravans aus zweiter Hand übertragen, die technisch sehr ähnlich gebaut sind. Denn um die Technik geht es letztlich beim Gebrauchtkauf. Kaum ein Kaufinteressent ist auf diesem Gebiet ausgewiesener Experte. Auf Nummer sicher gehen Sie deshalb mit dem Kauf beim Händler, schließlich ist der gesetzlich zur Gewährleistung verpflichtet – und prüft deshalb Verkaufskandidaten nicht nur gründlich in seiner Fachwerkstatt, sondern repariert in der Regel auch kleine Defekte. Freilich ist für dieses Plus an Sicherheit und Service ein Aufschlag beim Kaufpreis fällig.

Die Unsicherheiten beginnen aber oft schon früher: bei der Modellauswahl. Wer ein Neufahrzeug kauft, kann sich nicht nur aus einer Vielzahl von Grundrissen, sondern auch aus ellenlangen Optionslisten bedienen. So ist ein Campingmobil stets auch eine Art persönlicher Fingerabdruck des Erstkäufers. Ob der wirklich zu einem passt, sollte man gewissenhaft prüfen. Auf manche Ausstattung kann man eventuell doch verzichten, überflüssig erscheinende Accessoires können sich als nützlich erweisen. Flexibilität muss man in Zeiten knappen Angebots aber ohnehin mitbringen.

Beim Wohnmobilkauf verlangen sowohl Basisfahrzeug als auch Aufbau gebührende Aufmerksamkeit. Geht es um das Basisfahrzeug, gilt es, alles zu beachten, was auch beim Kauf gebrauchter Pkw zum Tragen kommt. Nehmen Sie sich zur Besichtigung unbedingt viel Zeit, und lassen Sie sich vom Verkäufer niemals unter Zeitdruck setzen. Die Kleidung sollte auch eine Inspektion des Fahrzeugbodens – am besten mit Hilfe einer Taschenlampe – mitmachen. Hier lassen sich eventuelle Rostprobleme ebenso entdecken wie Ölleckagen. Zudem lässt die Unterfluransicht – wie auch die Sauberkeit im Motorraum und die Füllstände der Betriebsflüssigkeiten – Rückschlüsse auf den Pflegezustand zu. Beim Fachhändler durchgeführte Inspektionen belegt das ausgefüllte Kundendienst-Scheckheft.

So unerlässlich wie die Inspektion ist eine ausgiebige Testrunde, auf der Sie sich ein Bild von Kaltstartverhalten, Leistungsentfaltung, Fahrkomfort und auch der Geräuschkulisse machen. Holprige Straßen sind dabei hilfreich, denn sie offenbaren Fahrwerksschäden an Traggelenken, Spurstangen oder Stabilisatoren durch Knackgeräusche. Den Zustand der Kupplung kann man prüfen, indem man mit angezogener Handbremse anfährt. Geht der Motor nicht sofort aus, liegt der Verdacht auf eine verschlissene Kupplung nahe. Die Funktion der Bremsen überprüft man

Checkliste

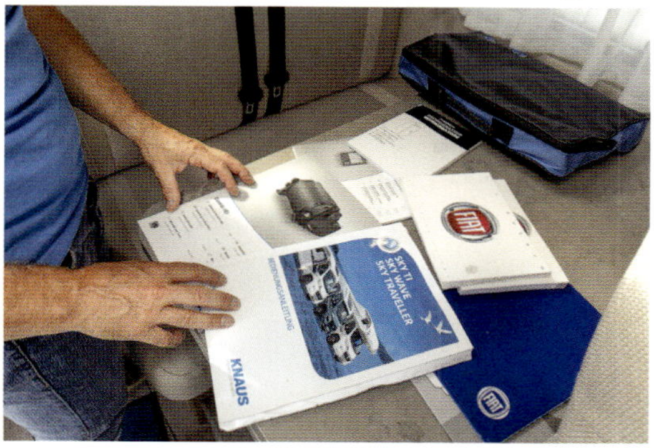

Zu einem Campingmobil gehören eine ganze Reihe von Unterlagen und Anleitungen. Sie sollten auch beim Gebrauchten komplett sein.

Nur von unten erkennt man starken Rostbefall oder etwa Ölverlust.

Auch die Verdunklungen im Fahrerhaus auf Unversehrtheit prüfen.

Funktionieren alle Fenster samt den Rollos richtig?

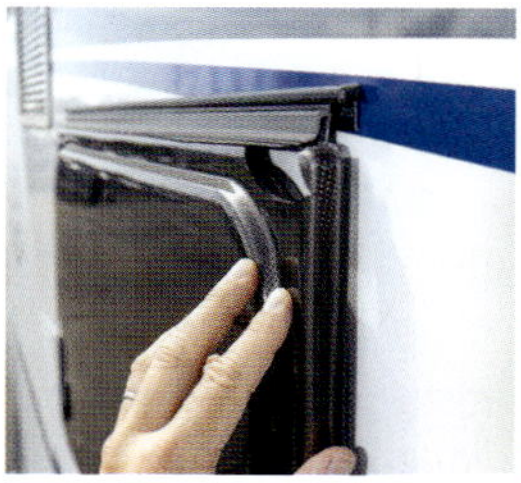

Kunststoff wird im Lauf der Zeit spröde.

Nicht selten trifft man auf undichte Dachhauben.

Papiere

- ☐ Sind die Fahrzeugpapiere vollständig?
- ☐ Sind eventuelle Sonderanbauten eingetragen, gibt es Unterlagen dazu?
- ☐ Wie viele Vorbesitzer gab es? Sind auch Vermieter darunter?
- ☐ Schadstoffklasse und Umweltplakette?
- ☐ Genügt die Zuladung laut Papieren? Wurde das Fahrzeug schon einmal gewogen?
- ☐ Wann steht die Hauptuntersuchung an? Gibt es eine Gasprüfungsbescheinigung?
- ☐ Wurde das Basisfahrzeug durchgängig laut Scheckheft gewartet?
- ☐ Sind notwendige Wechsel (Öl, Zahnriemen etc.) vorgenommen worden?
- ☐ Wurden alle vorgeschriebenen Dichtigkeitsinspektionen durchgeführt?
- ☐ Gibt es Bedienungsanleitungen und Garantieunterlagen für sämtliche Geräte?

Basisfahrzeug

- ☐ Karosserie auf Rost und Beschädigungen kontrollieren.
- ☐ Sind dem Vorbesitzer Unfallschäden bekannt?
- ☐ Reifen auf Profiltiefe, gleichmäßiges Abnutzungsbild und Alter (möglichst nicht über sechs Jahre) untersuchen.
- ☐ Probefahrt unternehmen, dabei auf Geräusche, Geradeauslauf und die Schaltbarkeit des Getriebes achten.

Aufbau

- ☐ Aufbauwände und Kantenleisten auf Beschädigungen untersuchen.
- ☐ Ist an Aluminium-Oberflächen Korrosion (Alufraß) zu erkennen, bilden GfK-Oberflächen Risse an Ecken und Kanten?
- ☐ Sind Hagelschäden am Dach zu sehen?
- ☐ Decke im Bereich der Dachhauben, Wände unterhalb der Fenster auf Spuren von Feuchtigkeit kontrollieren.
- ☐ Zustand von Fenstern, Dach und Gummidichtungen checken.

mittels einer harten Bremsung. Sie sollten bis zum Einsatz der ABS-Regelung effizient und gleichmäßig verzögern.

Sind alle Punkte zu Ihrer Zufriedenheit gecheckt, geht es an die äußere Sichtprüfung von Beleuchtung und allen Blech- und Kunststoffteilen. Scheuen Sie sich nicht – wenn vorhanden –, mit einer Leiter auch einen Blick aufs Dach zu werfen und etwa nach Hagelschäden Ausschau zu halten.

Beim ersten Betreten des Wohnbereichs sollte man den Eindrücken seiner Nase höchsten Stellenwert beimessen. Der Geruch gibt nicht nur Aufschluss über die Pflegegewohnheiten des Vorbesitzers, er ist auch ein wichtiges Indiz für einen der gefährlichsten versteckten Mängel: Feuchtigkeitsschäden im Aufbau. Bis es nämlich zu sichtbaren Folgen wie Aufquellen oder gar Schimmel kommt, hat die Feuchtigkeit ihr schädliches Werk im Verborgenen meist schon verrichtet. Dem Riechorgan offenbart sich dies durch charakteristischen Muff. Profis prüfen den Aufbau mit einem Feuchtigkeitsmessgerät.

Der Funktionscheck sollte die gesamte Bordtechnik umfassen, ihm geht am besten eine Kontrolle der Papiere voraus. In der Gasprüfbescheinigung müssen alle Verbraucher, in den Fahrzeugpapieren sämtliche Sonderanbauten eingetragen sein. Gleichen Sie auch die Fahrgestellnummer mit den Papieren ab, und prüfen Sie außerdem, ob regelmäßig Dichtigkeitsprüfungen durchgeführt wurden. Für einen vollständigen Check aller Versorgungssysteme müssen Gas, Wasser und Strom vorhanden sein. Laufen Heizung, Kühlschrank, Herd und die Wasserpumpe problemlos? Sind die Wassertanks, soweit sichtbar, sauber und nicht veralgt? In welchem Zustand präsentiert sich die Aufbaubatterie? Funktionieren die Kontrollpanels und alle Bedienknöpfe ebenso wie Beleuchtung und Steckdosen? Auch das Bad verlangt einen genauen Blick: Sind Duschwanne und Waschbecken rissfrei, läuft das Wasser ab? Ist der Schacht der Toilettenkassette sauber und trocken?

Alle Dachhauben und Fenster müssen einer Funktionsprüfung unterzogen werden, die auch die tendenziell empfindlichen Verdunklungsplissees und Mückennetze mit einbezieht. Sind die Fensterdichtungen schadfrei und nicht porös? Auch beim Check von Möbelbeschlägen und -scharnieren sollten Sie nichts auslassen.

Schäden hier sind zwar meist reparabel, fordern aber dennoch Aufmerksamkeit und liefern darüber hinaus gute Argumente für die Preisverhandlungen. Sorgfalt bei der Begutachtung zahlt sich also nicht nur in später gesparten Nerven, sondern auch in barer Münze aus. ■

Vermieter erneuern oft am Ende der Saison ihre Flotte. Die Mobile kommen dann als junge Gebrauchte zu attraktiven Preisen auf den Markt.

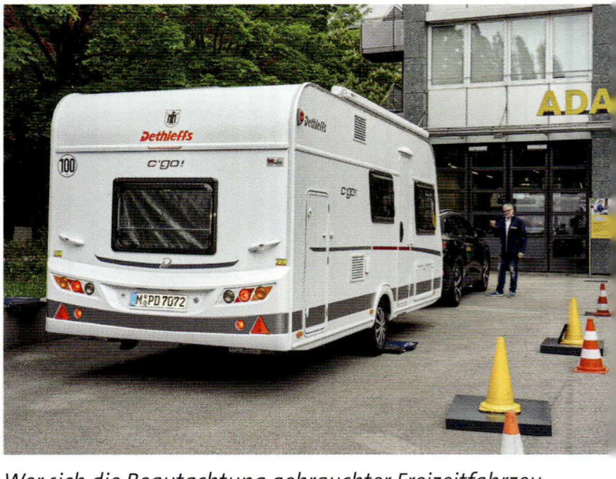

Wer sich die Begutachtung gebrauchter Freizeitfahrzeuge nicht selbst zutraut, kann sich professionelle Hilfe holen, z. B. beim ADAC.

Checkliste

Wer hinter die Dinge schaut, findet Schönheitsfehler wie diese verfleckte Matratze. Kein Drama, aber durchaus ein Argument in Preisverhandlungen.

Sind die Schubladen intakt und korrekt verschließbar?

Risse in der Duschwanne bringen oft kostspielige Reparaturen mit sich.

Wer sich Zeit nimmt, entdeckt auch Mängel wie diesen losen Rahmen.

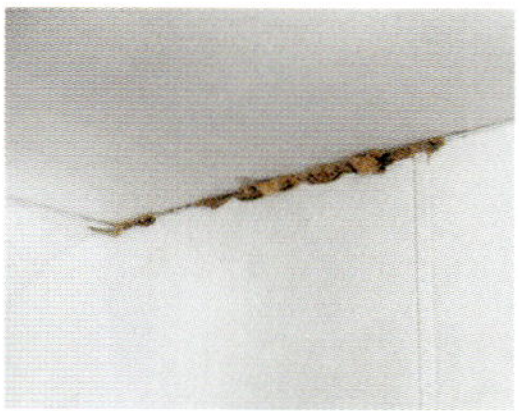

Schimmel weist auf womöglich größere Feuchteschäden hin.

Ausbau

- ☐ Gibt es Gerüche, die auf Schimmel und Undichtigkeiten hindeuten? Ecken und Winkel (auch in Schränken) überprüfen.
- ☐ Sind Stockflecken unter den Matratzen zu sehen?
- ☐ Gibt es Risse in der Duschwanne? Ist dort bereits Wasser in die Bodenplatte eingedrungen (Druckprobe)?
- ☐ Funktionen von Möbeln und Hubbetten checken.
- ☐ Gegebenenfalls Montage eines Kindersitzes ausprobieren.

Bordtechnik

- ☐ Sind der Frischwassertank und sichtbare Leitungen von innen sauber? Erzeugt die Wasserpumpe einen brauchbaren Druck?
- ☐ Zünden Heizung und Kühlschrank problemlos?
- ☐ Lampen und elektrische Einbauten (Kontrollbord mit allen Anzeigen, Sat-Anlage, TV, Trittstufe etc.) ausprobieren.

Funktionen der Heizungsbedienung und des Kontrollbords checken.

Der Kocher muss problemlos zünden, die Flammen gleichmäßig sein brennen.

Ist der Toilettenschacht trocken und sauber?

Ein Blick in den Wassertank ist aufschlussreich.

Sind Elektrik und Heizung original und unverbastelt?

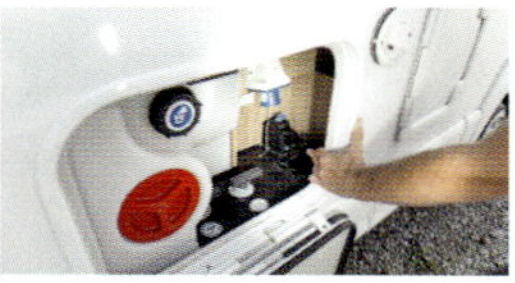

Nicht überall ist die Bordtechnik so übersichtlich zusammengefasst.

Auch der Kühlschrank verdient eine Funktionsprüfung im Gasbetrieb.

Falls die Bordbatterie im Winter schwächelt: Stromanschluss beim Technikcheck!

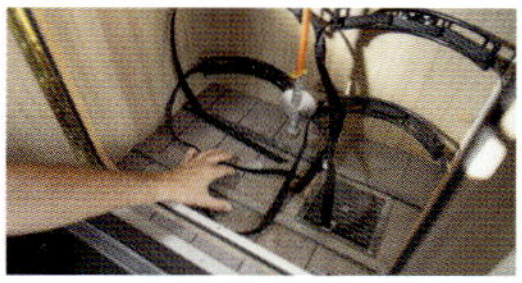

Wenigstens eine Gasflasche muss drin sein, um die Anlage zu testen.

Psycho-Tipps für die Preisverhandlung

Fast 70 Jahre lang galt in Deutschland das Rabattgesetz, das den Preisnachlass auf maximal drei Prozent beschränkte. Trotz der Abschaffung zum 25. Juli 2001 nutzen nur wenige Deutsche die prinzipielle Möglichkeit, beim Kauf von Waren um den Preis zu handeln. Meist stammt unser »profundes« Wissen eher aus einschlägigen Reiseführern für arabische Länder, à la »Lassen Sie sich unbedingt aufs Feilschen ein, denn die einheimischen Händler sind sonst beleidigt!«. Und beleidigen will man ja eigentlich niemanden. Beleidigen kann man sein Gegenüber aber auch durch Herabwürdigung des Verkaufsobjekts, das sollten Wohnmobil- und Caravan-Käufer ebenfalls beachten. In Zeiten hoher Nachfrage und knappen Angebots liegt der strategische Vorteil ohnehin klar auf Seiten des Verkäufers. Umso mehr kann ein wenig psychologische Munition für die Verkaufssituation nicht schaden. Im Folgenden geben wir Ihnen einige Anregungen, wie Sie als Käufer unnötige Fallstricke vermeiden und einen für alle annehmbaren Preis erzielen können.

Fragen Sie nicht schon am Telefon nach dem letzten Preis, ohne das Fahrzeug gesehen zu haben. Keine Frage nervt Verkäufer mehr. Zwar weiß er, dass beim Gebrauchtkauf fast immer verhandelt wird, doch natürlich hat er eine gewisse Vorstellung vom Wert seines Fahrzeugs. Ihm schon am Telefon zu signalisieren, dass man diesen Preis nicht zahlen will, wird der Verkäufer als Zurückweisung seines Angebots und damit seiner Person empfinden. Das ist nicht nur unhöflich, es drängt den Verkäufer auch von vornherein in die Defensive und damit in eine Art Verteidigungshaltung.

Loben Sie das Fahrzeug, sofern es Lob verdient – aber nicht zu sehr. Sagen Sie offen, was Ihnen gefällt, aber bringen Sie ebenso deutlich zum Ausdruck, was nicht Ihren Beifall findet. Wenn Sie das Fahrzeug nur schlechtreden, wird der Verkäufer an Ihrem ernsthaften Kaufinteresse zweifeln. Äußern Sie sich jedoch nur positiv, erscheint die weitere Verhandlung über den Preis aus der Sicht des Verkäufers inkonsequent und unlogisch.

Bedenken Sie: Der Verkäufer hat trotz Verkaufswunsch wahrscheinlich eine unverändert positive Beziehung zu seinem Fahrzeug. Das Fahrzeug nur schlechtzumachen beleidigt indirekt auch den Noch-Besitzer. Dann geht der Rollladen runter und mit ihm die Bereitschaft, Ihnen beim Preis entgegenzukommen. Jeder verkauft lieber an jemanden, der ihm sympathisch ist. Und mit derlei Aussagen verspielen Sie Sympathiepunkte.

Sagen Sie nicht: »Wie weit können Sie mir denn entgegenkommen?« oder »Was wäre Ihr letzter Preis?« Im Angebot hat der Verkäufer seine Preisvorstellung ja bereits genannt. Machen Sie ihm stattdessen ein Angebot: »Wie wäre es mit Betrag x?« oder »Können wir uns auf Betrag x einigen?« Seien Sie dabei ruhig mutig. In Verhandlungen treffen zunächst immer zwei Maximalforderungen aufeinander, die sich dann annähern müssen. Aber bleiben Sie dabei fair. Sie setzen den Verkäufer mit einer solchen Frage zwar unter Zugzwang, setzen ihm aber nicht gleich die

Pistole auf die Brust, sondern lassen gleichzeitig Spielraum erkennen. Der Verkäufer ist jetzt am Zug und muss sich zu Ihrem Angebot positionieren. Niemand signalisiert seinem Gegenüber gern rundweg Ablehnung; wie alle Menschen wollen auch Verkäufer gemocht werden. Achtung: Nehmen Sie dem Verkäufer diesen Druck nicht, indem Sie zu früh wieder das Wort ergreifen. Sie haben Ihr Angebot damit abgegeben, jedes weitere Wort würde es relativieren und dem Verkäufer den Druck zu einer Positionierung nehmen. Schweigen ist manchmal nicht leicht auszuhalten, psychologisch aber sehr wichtig für eine erfolgreiche Kaufverhandlung.

Sagen Sie nicht: »Diesen Preis zahle ich auf keinen Fall« oder »So viel ist die Karre niemals wert.« Begründen Sie stets sachlich, warum Sie einen niedrigeren Preis für angemessen halten, beispielsweise: »Insgesamt gefällt mir das Fahrzeug schon gut, aber der Riss in der Dusche ..., die Beule in der Tür ..., der Fleck auf der Matratze ...« Diese Mängel kennt der Verkäufer schließlich ebenfalls und kann Ihre Kritik daran deshalb auch nicht so einfach ohne Argumente zurückweisen.

Bringen Sie an dieser Stelle auch zum Ausdruck, wenn das Fahrzeug nicht exakt der Beschreibung in der Annonce entspricht. Psychologisch ist der Verkäufer Ihnen dann sozusagen etwas schuldig, schließlich sind Sie aufgrund seiner »fehlerhaften« Beschreibung zur Besichtigung gekommen. Die Bereitschaft, Ihnen preislich entgegenzukommen, ist dadurch automatisch höher.

Formulieren Sie Ihre Preisvorstellung als Angebot. Sagen Sie nicht: »Mehr als 15 000 Euro zahle ich auf keinen Fall«, sondern: »Für 15 000 würde ich ihn mitnehmen.« Psychologisch ist das ein Riesenunterschied. Der Verkäufer bietet den Wagen ja nicht ohne Grund zum Kauf an. Er möchte – im für Sie besten Fall muss er – ihn loswerden. Wenn Sie den Wagen mitnehmen, suggerieren Sie dem Verkäufer, ihm einen Gefallen zu tun.

Fotos Silvia Kienesberger/
Flashvector/kampee
patisena/Getty Images

Gebraucht und günstig?

Die hohe Nachfragewelle bei gebrauchten Campingfahrzeugen ist etwas abgeebbt. Es gibt wieder ein größeres Angebot von Wohnmobilen und Caravans aus zweiter Hand und damit Chancen auf Schnäppchen. Bevor man sich aber auf die Suche macht, helfen folgende Vorüberlegungen.

1 Was spricht für einen Gebrauchten?

Da wäre zunächst einmal der Preis. Den unvermeidlich höheren Wertverlust in den ersten Jahren überlassen Gebrauchtfahrzeugkäufer anderen. Sie müssen sich auch nicht mit langen Lieferzeiten und umständlichen Preislisten auseinandersetzen. Es geht immer um ein konkretes Fahrzeug, das man bis ins Detail begutachten kann. Unmittelbar nach der Kaufentscheidung steht einer großen Tour meist nichts im Wege. Gerade weil der Campingbus oder der Wohnwagen schon in Gebrauch war, funktioniert oft alles problemlos. Eventuelle Kinderkrankheiten wurden meist schon beseitigt oder sind feststellbar und letztlich Verhandlungssache. Übliche Sonderausstattungen befinden sich bei Gebrauchten in den meisten Fällen schon an Bord und schlagen nicht extra zu Buche.

2 Wo findet man passende Gebrauchte?

Einen guten Marktüberblick vermittelt der Blick ins Internet. Da gibt es auf Wohnmobile und Caravans spezialisierte Webseiten wie caraworld.de, aber auch große Autoportale wie mobile.de und autoscout24.de mit spezieller Suchfunktion für gebrauchte Wohnmobile und Wohnwagen. Die Portale helfen durch die Vielzahl der Angebote auch bei der groben Preiseinschätzung während der Fahrzeugsuche. Nützlich ist ebenso der Besuch eines großen Händlerbetriebs in der Umgebung. Er vermittelt einen persönlichen Eindruck aktueller Angebote, der auch bei späteren Besichtigungen von Internet-Offerten nützlich sein kann. Beim Händler hat man es meist mit jüngeren und daher höherpreisigen Fahrzeugen zu tun. Einige große Vermietketten vermarkten ihre Fahrzeugflotte beim turnusmäßigen Austausch auch selbst.

3 Besser beim Händler oder privat kaufen?

Beim Händler werden in Zahlung genommene Gebrauchte üblicherweise durchgecheckt. Der Kauf von privat ist Vertrauenssache. Garantien kann man hier nicht erwarten. Möglicherweise kennt auch der Vorbesitzer eventuelle Schäden nicht. Anders beim Händler. Er ist gesetzlich verpflichtet, ein Jahr lang für Sachmängel zu haften. Schon aus diesem Grund wird ein seriöser Händler jedes in Zahlung genommene Fahrzeug einem Check unterziehen und vorhandene Schäden reparieren. Wohnwagen und Wohnmobile mit unkalkulierbaren Risiken wandern oft gleich in den Export. Wegen der Fahrzeugüberprüfung und der Gewährleistungskosten wird ein Gebrauchter im Fachhandel immer ein wenig teurer sein als aus privater Hand.

4 Ein gutes Angebot gefunden, wie geht's weiter?

Egal ob von privat oder vom Händler: An einem ausführlichen Besichtigungstermin vor Ort führt kein Weg vorbei. Bilder und Beschreibungen im Internet täuschen leicht über den wahren Zustand des Fahrzeugs hinweg. Die Aufnahmen können schon Jahre alt sein. Nicht zuletzt hilft auch der persönliche Eindruck vom Verkäufer beziehungsweise vom Händlerbetrieb bei der Kaufentscheidung. Man sollte sich Zeit nehmen für den ersten Termin und nicht unter Druck setzen lassen. Bei scheinbaren Megaschnäppchen gilt besondere Vorsicht. Unseriöse Anbieter locken so nur Kunden auf ihren Hof. Noch wichtiger: Niemals irgendwelche Zahlungen im Voraus leisten. Forderungen nach Vorkasse, egal unter welchem Vorwand, deuten auf betrügerische Absichten hin.

5 Worauf muss man bei der Besichtigung achten?

Licht, Strom, Heizung: Das Kontrollbord, meist über der Tür, sollte mit allen Funktionen ausprobiert werden. Der Check eines Wohnmobils oder Campingbusses benötigt mehr Zeit als beim Wohnwagen. Denn hier muss man wie beim Kauf gebrauchter Pkw eine Probefahrt einplanen und die Fahrzeugtechnik überprüfen. Das Ausprobieren der Bordtechnik – vom Kühlschrank über die Wasseranlage bis zur Heizung – steht bei Wohnmobil wie Wohnwagen auf dem Programm. Hier wie dort kommt es vor allem auf einen Punkt an: die Begutachtung des Aufbaus im Hinblick auf mögliche Undichtigkeiten. Feuchtigkeit kann an Aufbaukonstruktionen mit tragenden Holzelementen zu Fäulnis und Schimmel führen und damit aufwendigste Reparaturen nötig machen. Nässe dringt übrigens nicht nur von oben in den Aufbau. Durch Risse in der Duschwanne kann Wasser beispielsweise unbemerkt in die Bodenplatte sickern.

6 Wie erkennt man Undichtigkeiten am Aufbau?

Faulige Gerüche in älteren Wohnmobilen und Wohnwagen deuten mit sehr hoher Wahrscheinlichkeit auf Feuchteschäden hin. Neuralgische Punkte für Undichtigkeiten sind die Aufbaukanten, der Unterboden sowie Fenster und Dachhauben. Durch Druckproben in diesen Bereichen kann auch ein Laie feststellen, ob die Sperrholzoberflächen an der Innenseite des Aufbaus und darunterliegende Holzlatten bereits durch die zersetzende Wirkung des Wassers weich geworden sind. Sichtbarer Schimmel ist ein ebenso klares Indiz, dass hier etwas nicht stimmt. Wer auf Nummer sicher gehen will, lässt das Fahrzeug außerdem von einem Fachbetrieb mit einem Feuchtigkeitsmessgerät überprüfen.

7 Was ist bei Camping-Oldies zu beachten?

Wohnmobile und Campingbusse haben bei üblichem Gebrauch ein langes Leben. Da erscheint es reizvoll, sich einen Camping-Oldtimer zuzulegen. Über 30 Jahre alte Wohnmobile können wie Pkw ein H-Kennzeichen bekommen, das die Einfahrt in Umweltzonen erlaubt. Auch die sonstigen Unterhaltskosten bleiben gering. Für einige Modelle wie etwa VW-Busse werden jedoch hohe Liebhaberpreise bezahlt, was die Anschaffung nicht unbedingt zum Schnäppchen macht. Bei hochsommerlichen Touren sind dürftig motorisierte Wohnmobil-Oldies ohne Klimaanlage im Fahrerhaus ein Fall für Fans. Sie entschädigen mit einem ursprünglichen Urlaubserlebnis und hohen Sympathiewerten. Begehrte Oldie-Caravans wie der Eriba Touring werden ebenfalls auf hohem Preisniveau gehandelt. Egal ob Wohnmobil oder Wohnwagen: Gefragte und gepflegte Oldies behalten lange ihren Wert.

8 Wie wichtig ist die Umweltplakette bei Wohnmobilen?

Das hängt vom Wohnort und vom Reiseverhalten ab. Wer nicht innerhalb oder nahe einer Umweltzone wohnt und im Urlaub eher Landschaften als Innenstädte besucht, kann auch ohne grünen Aufkleber auskommen. Das vergrößert die Auswahl an Schnäppchenmobilen erheblich, denn erst Basisfahrzeuge ab 2006 erfüllen meist die Euro-4-Norm und bekommen die grüne Plakette. Das ist auch mit der Nachrüstung eines Rußpartikelfilters in einigen Fällen möglich. Im Ausland gelten aber andere Regeln, sodass die deutsche Plakette nicht weiterhilft.

9 Wie ist die Lage auf dem Gebrauchtfahrzeugmarkt?

Der Herbst ist immer eine gute Jahreszeit für Secondhand-Käufer. In dieser Zeit tauschen viele Vermieter einen Teil ihres Fuhrparks aus, was insbesondere das Angebot an jungen und vollständig ausgerüsteten Gebrauchten erhöht. Auch Händler und Privatverkäufer haben meist wenig Interesse daran, Gebrauchte über die ruhigen Wintermonate stehen zu lassen, und sind darum verhandlungsbereiter. Davon abgesehen befindet sich der Markt auf dem Weg zur Normalisierung. Nach den turbulenten Coronajahren sind die Preise wieder ein wenig gesunken, bewegen sich aber immer noch auf einem stattlichen Niveau. Besonders gefragt sind bekannte Marken und Modelle, die auch als Neuwagen echte Renner sind, etwa Wohnmobile mit Einzelbetten und Heckgarage. Weiterhin begehrt sind ebenso Campingbusse. Wer ein echtes Schnäppchen machen will, sieht sich besser bei den weniger beachteten Typen um. Dazu zählen etwa Alkovenmobile sowie Grundrisse ohne feste Schlafgelegenheiten und ohne große Stauräume.

Wundertüte oder Albtraum?

Camping boomt, und das tut auch der Gebrauchtmarkt. Doch gerade als Privatmensch übersieht man vielleicht Problemstellen. Ein professioneller Check bietet wertvolle Hilfe.

Text Heiko P. Wacker
Fotos Andreas Becker

Exakt 3285 Kilo? Das passt! Das Wiegeprotokoll kommt auf 49 Euro, donnerstags ist das Wiegen für ADAC-Mitglieder kostenlos.

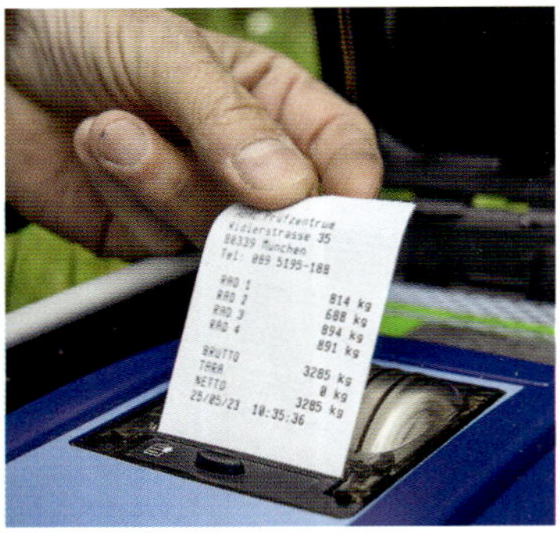

Ein gebrauchtes Reisemobil zu kaufen, das hat Vorteile, der günstigere Preis und die sofortige Verfügbarkeit verlocken natürlich. Zudem bietet ein Gebrauchter die Chance, erste Campererfahrungen im Bewusstsein zu machen, dass kleine Blessuren verschmerzbar sind. Wir waren alle mal Frischlinge und haben uns beim Rangieren ein bisserl doof angestellt, oder?

Wie dem auch sei, der Markt boomt, inzwischen werden auch Fahrzeuge angeboten, die in Coronazeiten etwas unüberlegt angeschafft wurden. Vermeintliche Schnäppchen, kaum genutzte Reisefahrzeuge? Juhu! Allerdings bleibt die Frage, ob der Schnapper nicht doch ein faules Ei ist; Rosstäuscher gibt es überall. Zudem steht das Objekt der Begierde vielleicht am anderen Ende der Republik. Lohnt da die Anfahrt – oder lege ich mich am Ende nicht selbst aufs Kreuz? Frei nach dem Motto: Jetzt bin ich schon da, jetzt nehm ich die Kiste auch mit, wird schon passen. (Und den Schimmel im Schrank, den Lurch im Wassertank und den Ölsee unterm Motor hab ich mir nur eingebildet.)

Klar: Auch Gebraucht-Wohnmobile zogen im letzten Jahr – wie der gesamte Markt übrigens, bei den Caravanisten ist es nicht anders – erheblich im Preis an. Wenn ich den schon zu zahlen bereit bin, dann will ich aber auch was haben für mein Geld – und schon wären wir beim Fachmann, der sich für uns oder mit uns den Camper der Wahl näher anschaut. Wir hatten die Chance, ein solches Prozedere zu begleiten, wobei wir von der Stringenz der Prüfroutine überrascht waren.

Die penible Arbeit liegt in der Historie begründet: Der ADAC bietet seit Jahren den Gebrauchtwagen-Check, und der wurde nun auf Freizeitfahrzeuge ausgeweitet – seit Kurzem wird der Service auch für Privatkunden angeboten. Und zwar für beide Seiten: So hat der Käufer die Gewissheit, keine Möhre zu erwerben, während der Verkäufer sein Reisemobil ruhigen Gewissens abgeben kann. Denn ein unabhängiger Prüfbericht schafft für alle Beteiligten Transparenz wie auch Vertrauen.

Für den Gebraucht-Check hat sich der ADAC die fachkundige Expertise des »Caravaning Gutachter Fachverband e. V. (CGF)« an Bord geholt, der Service wird bundesweit angeboten. Durchgeführt wird er ausschließlich durch ausgebildete Sachverständige des CGF und nach einem Standard-Ablauf, wobei ein umfassender digitaler ADAC-Prüfbericht als Beleg das Fazit der Besichtigung darstellt. In diesem werden die Details zur Sicherheit, zur Funktion oder zum Zustand in Wort und Bild gespeichert, auch Umbauten, der Geruch im Kühlschrank oder Feuchtigkeit in den Schränken werden dokumen-

Fehlen oft: Haltestopfen für Gitterroste kosten rund zwei Euro. Keine Großinvestition, und schon hat das Klappern während der Fahrt ein Ende.

Man muss nicht alles ausräumen, aber Zu- und Ableitungen sollten erreichbar sein.

Wer schreibt, der bleibt. Olaf Freudenberg prüft alle Unterlagen und überträgt die Daten ins Protokoll.

Geprüft werden natürlich auch alle Klappen, Scharniere und Stauräume auf Funktion und Sauberkeit.

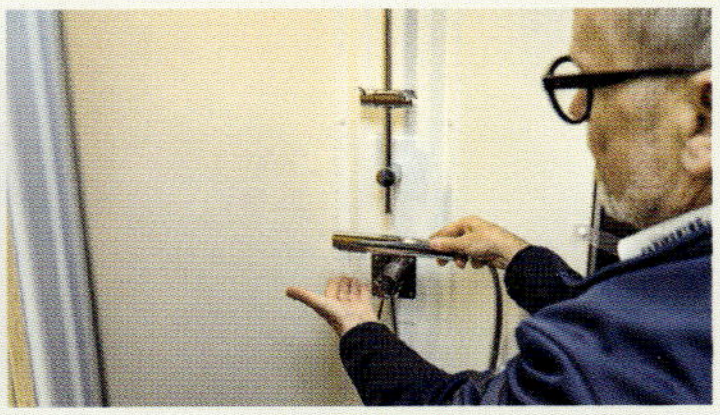

Die Tanks sollten leidlich befüllt sein, um die Funktion der Pumpe zu checken.

Gerne doch! Der »Gas-Check« kann gleich mit erledigt werden.

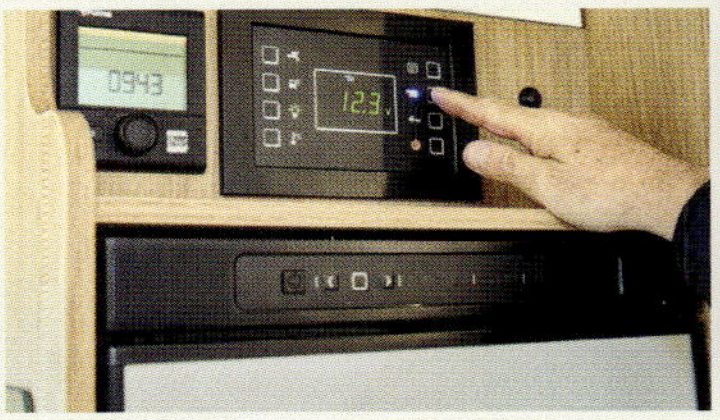

Läuft die Truma-Heizung an, passt die Bordspannung?

Der Prüfer schaut auch in delikate Ecken: Funktioniert der Schieber? Bestens! Die Spülung auch? Man sieht: Ohne Wasser im Tank wird es schwierig.

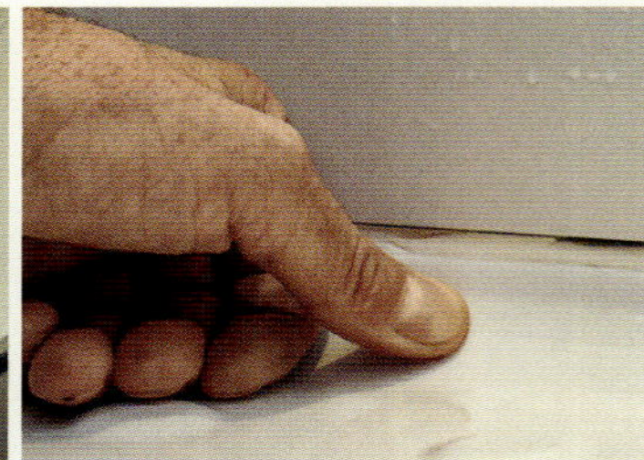

Sieht man nur beim Hinknien: Die Dichtung der Duschtasse ist mangelhaft, wohl schon ab Werk.

Sicherheitsrelevante Bauteile wie die Gurte der Sitzbank werden besonders kritisch in Augenschein genommen, Defekte per Foto dokumentiert.

Ein Hubbett hat viele Vorteile, aber tadellos funktionieren muss es natürlich auch. Dieses hier war im Bestzustand, perfekt.

tiert. Der Bericht ist dann die Basis für einen eventuellen Erwerb – und die Preisverhandlung natürlich, weist er doch die Stärken und Schwächen des Campers detailliert aus, jedoch keinen Wert als Betrag. Dräuende Reparaturen lassen sich kalkulieren – und im Preis berücksichtigen. An ihm hängt letztlich alles, wobei der Käufer gut abschätzen kann, ob er direkt in die Provence zu starten vermag oder doch erst vorher den Motor tauschen muss und den Unterboden sanieren. Die Durchsicht kann durchaus in einem Zentrum des ADAC durchgeführt werden: Auch die hier zu sehenden Bilder entstanden in einem solchen, nämlich in der ADAC-Geschäftsstelle München West in der Ridlerstraße. Den gecheckten Roller Team Kronos 284 TL stellte Christian Voye aus Jetzendorf zur Verfügung, er ist selbst ebenfalls als Sachverständiger tätig.

Auf Wunsch kommen die CGF-Gutachter auch zum Kunden nach Hause, die Anfahrt kostet pauschal 119 Euro – fahren also Verkäufer und Interessent gemeinsam zur Prüfung, dann spart man Geld, und die Probefahrt hat man auch schon erledigt. Andererseits bietet der Termin zu Hause den Vorteil, dass auch Fahrzeuge bewertet werden können, die nicht zugelassen sind oder wegen des Saisonkennzeichens gerade nicht auf die Piste dürfen. »Dass sich der Gutachter vor Ort auf dem Kies unters Auto legen muss, das gehört dann eben dazu«, meint Olaf Freudenberg lakonisch, während er den Sonnenschutz an der Dachluke prüft. »Der sollte stets ein wenig geöffnet bleiben, sonst verbiegt sich der Kunststoff, im Sommer kann es hier ohne Luftzirkulation lässig bis 70 Grad heiß werden!« Er ist seit vielen Jahren als technischer Berater wie auch als Gutachter tätig und kann nicht einmal mehr abschätzen, wie viele Reisefahrzeuge er schon untersucht hat. Und doch betont er: »Jedes ist anders, das macht die Sache auch so spannend und abwechslungsreich.« Und im Winter? »Bei Frostgefahr bleiben Wassertanks natürlich leer, das wird aber vermerkt.«

Die Prüfung hingegen läuft von Anfang bis Ende stets identisch ab: »Der Kunde – das gilt für

Unerlässlich für die Sicherheit aller Insassen: Drehsitzkonsolen müssen leichtgängig sein und sicher einrasten.

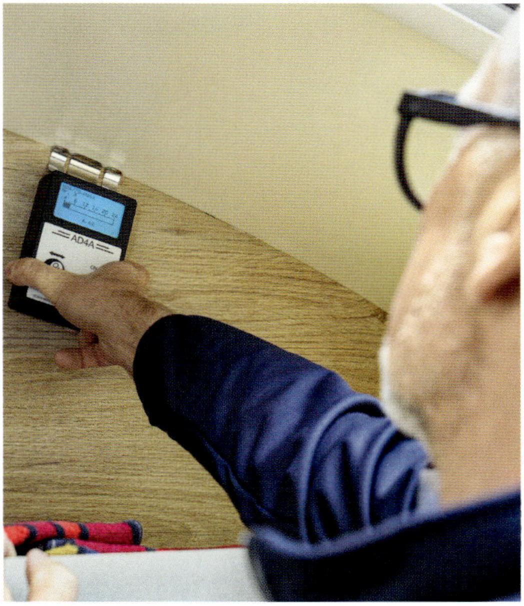

Feuchtigkeit, welch Übel! 18–20 % gelten schon als »feucht«, die hier zu sehenden 6,6 % sind da ein beruhigendes Indiz der Dichtigkeit.

Der Wassertank unter der Sitzbank ist dicht und neutral im Geruch.

Manche Teile wie die Mechanik des Tischs werden stark beansprucht.

Erst wird das Reisemobil innen besichtigt, dann außen, hier wird eine Blessur per Foto dokumentiert.

Blick aufs Detail: Olaf Freudenberg nimmt auch den Ölstand des Ford-Motors ins Visier.

Die Reifen werden auf ihr Profil, die Traglast und das Alter untersucht, auch die Größe muss stimmen!

jeden, auch wenn er nicht beim ADAC Mitglied ist, für die ist es aber ein bisschen günstiger – gibt auf der Landing-Page nur grob ein paar Eckdaten ein, wenn er sich anmeldet. Das dauert keine fünf Minuten. Ins Detail gehen wir erst vor Ort.« Nach der Anmeldung wird der Kontakt hergestellt, es wird oft per Telefon ein Termin vereinbart, das Tablet ist steter Begleiter der Prozedur. Ganz wichtig für den Besitzer ist, wirklich alle Dokumente bereitzuhalten, von den Auslieferungsunterlagen bis zum Gasbuch, »auch Rechnungen über Reparaturen sind wichtig«. Und auch Landstrom, Gas in der Flasche und möglichst ein wenig Wasser im Tank sollten eine Selbstverständlichkeit sein.

Problematisch wird es, wenn Defekte verschwiegen werden, mitunter weiß ein Verkäufer auch gar nicht um sie – beispielsweise bei Fahrzeugen aus einem Nachlass oder wenn einfach nicht genug gereist wurde, um ein Problem zu erkennen. Wer nur im Sommer für zwei staubtrockene Wochen am Gardasee war, wird kaum die kaputte Heizung bemerken und auch keine Feuchtigkeit. Einem mit Expertise und Messgeräten ausgestatteten Prüfer wie Olaf Freudenberg bleiben Defekte hingegen nicht verborgen. »Umso besser ist es aber, wenn mich der Besitzer direkt drauf hinweist, das spart einfach Zeit.« Bis zu zwei Stunden muss man einplanen, Zusatz-

Inspektion & Dichtigkeitskontrolle

Nicht ganz dicht?! Wenn Wasser einen Weg ins Innere des Reisemobils findet, dann geht es diesen auch! Denn der Sandwichaufbau kann mit der Zeit Fehlstellen bekommen: Verbindungskanten sind gefährdet, lockere Schrauben ein Risiko, und von verpfuschten Umbauten reden wir erst gar nicht. Und plötzlich tobt sich der Schimmel in den Schränken aus, und der Stabilität der Aufbaustruktur bekommt die Feuchtigkeit auch nicht. Daher bieten die Hersteller eine Dichtigkeitsgarantie von fünf, zuweilen auch von zwölf Jahren. Aber nur wenn regelmäßig, zumeist jährlich, eine Kontrolle in einer autorisierten Werkstatt durchgeführt wird. Sonst verfällt der Anspruch auf Garantieleistungen!

Gar nicht gut! Einmal ausgesetzt, schon ist die Garantie futsch. Trotzdem lohnt der Feuchtigkeits-Check, gerade bei einem Verkauf des Campers.

Der Weg zum Check ist einfach

Über www.adac.de/camper-check gelangt man zur Auftragsseite. Der »Wohnmobil-Check« kommt für ADAC-Mitglieder (20 Euro Rabatt) auf 249 Euro, weitere Module (Feuchtigkeit, Funktionsprüfung, Wiegen: je 49 Euro) lassen sich zubuchen, am Ende erhält man eine mehrseitige Listung aller Details. Der Vorteil liegt in der allgemeinen Akzeptanz des ADAC wie auch der CGF-Prüfer. Alternativ kann man auch bei einem freien, spezialisierten Ingenieurbüro anfragen, auch einzelne Händler der Handelskette Intercaravaning bieten den Service an.

Olaf Freudenberg von der CGF-Akademie bildet selbst Gutachter aus und hat schon manchen Wohnmobilisten vor einem Fehler bewahrt.

module wie Gas- oder Feuchtigkeitsprüfung kosten und dauern natürlich extra, die meisten zum Check gemeldeten Reisemobile sind maximal 15 oder 20 Jahre alt, wobei natürlich auch Wohnwagen unter die Lupe genommen werden.

Denn für alle Camper gilt, dass sich der Aufwand mit Sicherheit lohnt: »Ich hatte vor einer Weile ein Fahrzeug in Frankfurt zu begutachten, der Interessent aus Hamburg hatte schon die Zugverbindung herausgesucht. Nach dem Gutachten hat er sich den Weg erspart – um wiederum eine Weile später einen ebenfalls von uns begutachteten Camper in Hamburg selbst zu erwerben«, plaudert Olaf aus dem Nähkästchen, während er von der Leiter aus das Dach auf Hagelschäden untersucht. So sehen vertrauensbildende Maßnahmen aus. ■

Der Zustand des Unterbodens und des Fahrwerks werden per Tablet abgespeichert, die Multitalente dienen auch als Leuchte und Fotoapparat.

Aufsteller in Ordnung, Dichtung okay? Kratzer? All das ist wichtig!

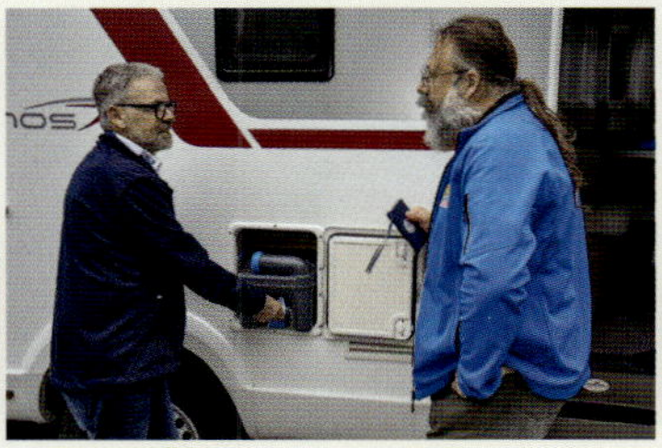

Keine Scheu, zweiter Teil: Auch die WC-Kassette wird geprüft.

Das Dach des Campers wird per Augenschein auf Hagelschäden untersucht.

Die große Preisfrage

Während Wohnwagenverkäufe zurückgehen, fliegen Wohnmobile immer höher. Warum ist das so? Ist ein Caravan nicht viel besser und günstiger? Eine Analyse mit Zahlen und Fakten.

Text Ingo Wagner **Fotos** A. Becker, P. Heise, T. Großhans, D. S. Heinz, I. Barenschee, Hersteller

Man muss sich nur umschauen auf dem Campingplatz: Dort stehen Reisemobile in Reih und Glied zwischen Caravans. Viele unbewegt seit Tagen oder gar Wochen, nicht wenige mit Vorzelt. Man sieht Familien, die sich in Campingbusse quetschen, und Paare, die Motorroller (oder sogar Autos) aus der Garage ihres Liners holen, um vor Ort mobil zu sein. Man fragt sich: Wissen diese Menschen, dass sie mit einem Wohnwagen wahrscheinlich besser bedient wären?

Fakt ist: Der Wohnwagen hat's in den letzten Jahren schwer gegen das Reisemobil. Die Gründe dafür sind vielfältig.

Der Führerschein: Wer seine Fahrerlaubnis nach 1999 gemacht hat, darf mit der Klasse B nur noch Gespanne bis 3,5 Tonnen zulässige Gesamtmasse fahren. Immerhin: Mit dem zwar prüfungs-, jedoch nicht kostenfreien B96 (ab 300 Euro) wird die Summe aus den zulässigen Gesamtgewichten von Zugfahrzeug und Wohnwagen auf 4,25 Tonnen erhöht. Wer sich weiterer Limits entledigen möchte (Auto und Anhänger jeweils bis 3,5 Tonnen), muss zur Fahrschule und eine Fahrerlaubnis der Klasse BE erwerben, die mit Theorie- und Praxisstunden sowie einer Prüfung 1000 bis 1500 Euro kostet.

Bei Reisemobilen ist die Sache nicht viel anders. Aber: 81,6 Prozent aller 2024/2025 zugelassenen Reisemobile gehörten zur Gewichtsklasse bis 3,5 Tonnen, die noch mit dem B-Führerschein gefahren werden darf. Das heißt: Die Auswahl an zur Klasse B passenden Wohnmobilen ist größer als die Zahl der B-tauglichen Auto- Caravan-Kombinationen. In den kommenden Jahren soll mit dem B96.02 eine Erweiterung analog des B96 kommen, der zum Führen von Kraftfahrzeugen bis 4,25 Tonnen berechtigt, nicht aber für Anhänger gilt. Aktuell muss für Kraftfahrzeuge über 3,5 Tonnen der C1 gemacht werden, der bis zu 3500 Euro kosten kann.

Die Psychologie: Viele Menschen haben großen Respekt vor dem Fahren mit Anhänger und ziehen einen Wohnwagen schon deshalb nicht in Betracht. Fakt ist aber auch: Die Möglichkeiten, ein Gespann einmal Probe zu fahren, sind quasi nicht gegeben. Zudem halten viele das Reisen mit dem Caravan für zu langsam. Im Vergleich zu einem mittelgroßen Reisemobil mit 3,5 Tonnen ist der Zeitverlust zu vernachlässigen.

Die Elektro-Unsicherheit: Viele Caravaner fragen sich, welcher Antrieb der zukunftsfähigste ist. Dazu muss man wissen, dass viele Firmen ihre Flotten sukzessive auf E-Fahrzeuge umstellen. Nicht wenige Camper nutzen ihren Geschäftswagen auch privat und als Zugfahrzeug. Allein in der CARAVANING-Leserschaft sind das zehn Prozent. Für ein E-Auto auf einen kleineren und leichteren Caravan umzuschwenken, lehnen 56 Prozent der im Rahmen unserer Leserwahl befragten Menschen ab. Dass E-Fahrzeuge als Zugwagen taugen, steht dabei außer Frage. Die Bereitschaft, kürzere Reiseetappen mit Ladestopps zu akzeptieren, ist indes nicht sehr ausgeprägt.

Die Preise und der Abstellplatz: Nicht außer Acht lassen darf man auch zwei weitere Faktoren, die Menschen vom Kauf eines Caravans abhalten: Die hohen respektive stark gestiegenen Preise sowie der fehlende Abstellplatz zu Hause werden von Leserinnen und Lesern ohne eigenen Caravan als gleichwertige Hauptgründe angegeben, warum sie sich (noch) keinen Caravan kaufen. Dazu muss man wissen: Ein Reisemobil darf dort, wo es nicht explizit verboten ist, prinzipiell unbegrenzt lange auf öffentlicher Verkehrsfläche geparkt werden. Ein Caravan muss, wie jeder andere Anhänger auch, nach spätestens zwei Wochen umgeparkt werden. Nicht selten wird das von den Behörden auch kontrolliert.

Ein Nachteil entsteht Caravanern bei der Wahl des Übernachtungsplatzes: Während Campingplätze auch Reisemobilisten willkommen heißen, öffnen nur 2404 Stellplätze in Europa ihre Tore auch für Caravaner. In Deutschland tun das 1101. Finden lassen sich diese Caravan-freundlichen Stellplätze und ebenso 10 000 Campingplätze in der App Stellplatz-Radar.

Der Handel und die Hersteller: Der letzte Grund in dieser Aufzählung betrifft Verkäufer und Produzenten gleichermaßen. Die teureren Reisemobile garantieren einem Handelsbetrieb deutlich höhere Margen als günstigere Caravans. Es liegt vermutlich in der Natur der Sache, dass damit die Motivation wächst, ein Wohnmobil an den Mann oder die Frau zu bringen. Zudem haben einige Hersteller auch die Preise für ihre Caravans um bis zu 30 Prozent gesteigert, ohne dass tiefgreifende technische Neuerungen, Impulse und Verbesserungen zu sehen gewesen wären. Im Gegenteil: In den letzten Jahren wurde manch eine Caravan-Baureihe eher schlichter als opulenter – von der schwindenden Zahl von Marken und Modellen ganz abgesehen. Alleine das Ausstellerverzeichnis des Caravans Salon listet 166 Reisemobil-Marken mit unzähligen Baureihen auf, denen rund 20 Caravan-Marken mit ungefähr 400 Modellen gegenüberstehen.

Die Preise und Kosten können beim Vergleich von Caravans und Reisemobilen natürlich nicht ausgeklammert werden, da sich hier die größten Unterschiede auftun.

Kompaktklasse

Modell	Eriba Touring 430	VW California Ocean TDI
Grundpreis (Euro)	27 990	87 346
Technische Daten		
Antrieb	–	2,0 TDI, 150 PS, Automatik
L x B x H (cm)	554 x 200 x 227	517 x 194 x 197
Wohnraumlänge (cm)	416	182
Innenbreite (cm)	190	190
MifZ (kg)	930	2520
zulässiges Gesamtgewicht (kg)	1100	2850
Zuladung (kg)	170	330
Bett 1 (cm)	188 x 73–60	202 x 106
Bett 2 (cm)	188 x 140	207,5 x 112,5
Kühlschrank (L)	81	40
Wassertank (L)	30	30
Heizung	Truma S 3003	Diesel-Heizung Eberspächer
Extras		
Preise (Euro)	Autark-Paket, 580 ☑	Top-Paket, 1279 ☑
	Rangiersystem, 2290 ☑	Standheizung, 1297 ☑
	Ausstattung Urban, 1490 ☑	Metalliclack, 1107 ☑
	Komfort-Paket, 990 ☑	Park-Paket Basic, 619 ☑
	Auflastung 1,3 Tonnen, 455 ☑	Markise rechts, 910 ☑
	Reserverad, 320 ☑	Markise links, 910
	Markise, 1350 ☑	Aufstelldach hydraulisch, 2231
Zulassungsdokumente (Euro)	165	–
Vergleichspreis (Euro)	35 630	93 468
Vorteile ⊕	Größeres, bequemeres Hauptbett. Große Stauräume. Vollwertiges Bad. Mehr Wohnraum.	Hohes Reisetempo möglich. Geringere Maut. Voll alltagstauglich. Niedrigerer Verbrauch. Auch als Zugwagen tauglich.
Nachteile ⊖	Für Größe teuer. Wintertauglichkeit durch Hubdach eingeschränkt. Kleines Zusatzbett. Pkw notwendig.	Sehr hoher Preis. Wenig Stauraum. Keine Toilette. Bedingt wintertauglich durch Aufstelldach.

☑ sinnvolle Ausstattung

Eriba Touring 430

VW California Ocean TDI

Im Folgenden haben wir sechs Fahrzeuge in drei Kategorien exemplarisch gegenübergestellt. Bei den Caravans und Reisemobilen haben wir zwei Vertreter der Kompaktklasse, zwei Einzelbetten-Modelle für Paare aus dem Hause Hobby und je ein Modell für Familien ausgesucht. Geachtet haben wir darauf, Modelle mit ähnlichen Innenraummaßen und Bettgrößen zum Vergleich heranzuziehen.

Preise

Wer sich ein Wohnmobil anschafft, kauft immer einen Lieferwagen als Basisfahrzeug mit. Deshalb sind Reisemobile generell teurer als Caravans. Aber auch die technische Ausstattung ist meist opulenter als beim Wohnwagen: Eine Combi-Heizung mit Boiler ist in den meisten Reisemobilen ebenso Standard wie eine Bordbatterie, ein großer Wassertank, ein fest eingebauter Abwassertank, Verschlüsse an allen Schrankklappen und ein zumindest einfaches zentrales Bedienpanel für die Bordtechnik.

Da davon auszugehen ist, dass Caravan-Interessen und erst recht -Käufer und -Besitzer einen Pkw besitzen, muss der Kaufpreis für einen

Hobby Prestige 560 WLU

Hobby Prestige T 710 GE

Paare

Modell	Hobby Prestige 560 WLU	Hobby Prestige T 710 GE
Grundpreis (Euro)	35 950	88 450
Technische Daten		
Antrieb	–	2,2 Mjet, 180 PS, Automatik
L x B x H (cm)	757 x 250 x 264	706 x 240 x 288
Wohnraumlänge (cm)	ca. 590	ca. 600
Innenbreite (cm)	237	226
MifZ (kg)	1569	3231
zulässiges Gesamtgewicht (kg)	1700	4400
Zuladung (kg)	131	1210
Bett 1 (cm)	2 x 194 x 850	202 x 845; 190 x 845
Bett 2 (cm)	223 x 140/130	212 x 119 (optional)
Kühlschrank (L)	157	133
Wassertank (L)	47	100
Heizung	Truma Combi 6	Truma Combi 6
Extras		
Preise (Euro)	Autark-Paket, 913 ☑	Thermohaube Fahrerhaus, 435
	Auflastung auf 2 Tonnen, 1205 ☑	Heckstützen, 482
	Kaltschaummatratzen, 849 ☑	Bettumbau Sitzgruppe, 382
	Stabilisierungssystem ETS, 1063	Teppichboden, 347
	Fahrradträger Deichsel, 420	Lithium-Batterie, ab 1550
	Warmwasserheizung, 3430	Gas-Außensteckdose, 305
	Teppichboden, 375	Router/Smart-TV, 1624
Zulassungsdokumente (Euro)	190	263
Vergleichspreis (Euro)	39 107	88 713
Vorteile	Gute Ausstattung ab Werk. Geräumiges Bad mit Dusche. Bequemere Sitzgruppe. Warmwasserheizung erhältlich.	Vollausstattung ab Werk. Große Stauräume. Höhere Zuladung. Dickere Wände/Boden.
Nachteile	Kürzere Einzelbetten. Auflastung notwendig. Rangiersystem nicht ab Werk. Klimaanlage nicht ab Werk.	Auch nur Tempo 100 möglich. Go Box für Österreich nötig. Wärmebrücke Fahrerhaus. Kleineres Bad als der Caravan.

☑ sinnvolle Ausstattung

Zugwagen nicht zum Preis des Caravans addiert werden. Freilich bleibt zu berücksichtigen, dass ein Auto mit hoher Anhängelast teurer ist als eines mit geringerer. Wer ein Plus von rund 10 000 Euro einkalkuliert, liegt sicherlich nicht ganz daneben.

Bei den in den Tabellen aufgeführten Caravan-Preisen haben wir Bordbatterie, Rangiersystem und andere wichtige respektive unverzichtbare Extras mit einberechnet.

Kompaktklasse: In der Kompaktklasse stellen wir Preise und Eigenschaften zweier Legenden gegenüber: den VW California, seit rund einem Jahr auf Basis des VW Multivan statt des T6.1, und den Eriba Touring, der seit 1959 mit seinem tragenden Stahlgerüst konstruktiv nahezu unverändert unterwegs ist. Als Modell 430 kommt der Eriba den Maßen des VW sehr nahe, der einen Teil des hohen Preises mit seiner Alltags- und Tiefgaragentauglichkeit wettmacht. Im Gegenzug eignet sich der Touring 430 mit seinen kompakten Maßen und dem relativ geringen Gewicht fast ebenso gut für intensive Reisen mit häufigen Ortswechseln wie der VW California.

Familie

Modell	Dethleffs C'Go 495 QSK	Corigon A 70 D
Grundpreis (Euro)	21 999	61 699
Technische Daten		
Antrieb	–	2,2 Mjet, 140 PS, Schaltgetriebe
L x B x H (cm)	714 x 233 x 261	699 x 232 x 310
Wohnraumlänge (cm)	ca. 550	ca.550
Innenbreite (cm)	219	219
MifZ (kg)	1165	2880
zulässiges Gesamtgewicht (kg)	1360	3500
Zuladung (kg)	295	620
Bett 1 (cm)	210 x 135	212 x 145-129
Bett 2 (cm)	2 x 210 x 75	211 x 159
Kühlschrank (L)	137	135
Wassertank (L)	44	110
Heizung	Truma S 3004	Truma Combi 4
Extras		
Preise (Euro)	Active-Paket, 999 ☑	Komfort-Paket, 899 ☑
	Sitzverbreiterung, 699 ☑	Abwassertank isoliert, 299 ☑
	Autarkpaket, 1099 ☑	Isofix Sitzbank, 449 ☑
	Sicherheitspaket, 999	Heizung Combi 6 E, 649
	Dach-Klimaanlage, 2499	Auflastung auf 3650 kg, 249
	Drittes Stockbett, 899	Automatikgetriebe, 3499
	TV-Vorbereitung, 299	Vorbereitung Kamera, 199 ☑
Zulassungsdokumente (Euro)	189	269
Vergleichspreis (Euro)	24 985	63 814
Vorteile	Volle Länge Innenraum nutzbar. Günstiger Preis und gute Active-Ausstattung. Mit 1700 kg kein sehr starkes Zugfahrzeug nötig.	Große Betten. Große Heckgarage. Große Sitzgruppe. Viel Platz an Bord und große Stehhöhe.
Nachteile	Beschränkte Nutzungszeit wegen Etagenbetten. Wintereignung eingeschränkt. Wenig Optimierungspotenzial ab Werk.	Teure Maut durch Höhe. Höherer Verbrauch. Auflastung auf 3650 kg sinnvoll. Zuschnitt auf Familie. Doppelbett für Kinder.

☑ sinnvolle Ausstattung

Dethleffs C'Go 495 QSK

Corigon A 70 D

Die Wartung von Caravan-Chassis, Bremse und Elektrik sollte jährlich bzw. alle 5000 km stattfinden.

Caravans brauchen für die Tempo-100-Zulassung alle sechs Jahre neue Reifen für circa 200 Euro.

Paare: Bei Hobby findet der Preisvergleich intern statt: Mit dem Teilintegrierten Prestige T 710 GE und dem Wohnwagen Prestige 560 WLU hat der norddeutsche Hersteller zwei namensgleiche Produkte im Programm, die sich im Look auch sehr ähneln. Das Reisemobil rechtfertigt seinen hohen Preis durch die Vollausstattung ab Werk. Die großen Stauräume, die beim T 710 GE (4,4 t zGG) mit enormer Zuladung einhergehen, kontert der 560 WLU durch eine hohe, aber nicht so pralle Ausstattungsfülle und sein gigantisches Bad. Für praxisgerechte Zuladung muss hier aber in die Tasche gegriffen werden. Das Rangiersystem gibt es nicht ab Werk, weshalb rund 2000 Euro beim Händler noch addiert werden müssten.

Familie: Der Erwin Hymer Group entstammen Corigon A 70 D und Dethleffs C'Go Active 495 QSK. Alkoven mit dem großen Bett-Hut über dem Fahrerhaus sind die familientauglichsten unter allen Reisemobilen – und führen trotzdem ein Schattendasein. Wer je zu viert in einem Teilintegrierten mit Hubbett in der Wagenmitte verreist ist, wünscht sich danach oft einen Alkoven. Der erkauft sich seine großen Betten und die enorme Höhe im Innenraum durch einen höheren Spritverbrauch und höhere Mautkosten auf französischen Autobahnen – dort wird es ab drei Meter Höhe richtig teuer. Der Dethleffs C'Go ist ein alter Bekannter. Das Active-Paket peppt ihn auf und bringt wichtige Ausstattungen mit, die CARAVANING als obligatorisch erachtet.

Nebenkosten

Zum Kaufpreis addieren sich Nebenkosten wie die Zulassungspapiere, also alle notwendigen Dokumente, um das Fahrzeug anzumelden. Dazu gehören Typprüfungen, Gasprüfung und die Erstellung der Zulassungsbescheinigung Teil 2 sowie das Certificate of Conformity (COC). Die Kosten dafür geben Caravan- und Reisemobilhersteller mehrheitlich an die Kunden weiter; Caravans sind meist günstiger als Reisemobile: Je nach Hersteller müssen bei Caravans zwischen 150 und 200, bei Reisemobilen über 200 Euro eingerechnet werden.

Sowohl Wohnwagen als auch Wohnmobile müssen vom Werk zum Händler transportiert werden – eine Selbstabholung im Werk ist nur bei wenigen Herstellern möglich und das Sparpotenzial obendrein gering. Je nachdem, wie weit der Handelsbetrieb vom Werk entfernt ist, fallen die Frachtkosten höher oder niedriger aus. So berechnet beispielsweise das Hymer Zentrum Stuttgart 890 Euro für den Transport eines Caravans von Dethleffs und 595 Euro für einen Eriba-Caravan vom Herstellerwerk nach Stuttgart. In dieser Pauschale enthalten ist nicht nur der Transport, sondern auch eine mehrstündige Übernahmeinspektion. Je weiter das Werk vom Handelspartner entfernt ist, desto höher sind die Kosten. Bei Reisemobilen können es bei einer ausländischen Marke bis zu 2000 Euro sein, die auf den Kaufpreis aufgeschlagen werden.

Die Hauptuntersuchung im Zweijahresturnus ist für Caravans etwas günstiger als für Reisemobile.

Auch die jährliche Dichtigkeitsprüfung ist für Caravans üblicherweise günstiger als für Womos.

Die Unterhaltskosten

Caravans und Reisemobile verursachen auch nach der Anschaffung Kosten. Bezahlt werden müssen zum Beispiel Steuer, Versicherung, Wartung, Kundendienst, Dichtigkeitsprüfung, Gasprüfung und Hauptuntersuchung. Im Folgenden haben wir aufgelistet, was auf Caravaner und Reisemobilisten zukommt. Die Unterschiede sind teils enorm.

Wartung & Kundendienst: Das Fahrwerk eines Wohnwagens ist recht simpel – gewartet werden muss es dennoch, um die einwandfreie Funktion von Bremsen, Kupplung, Achse und Beleuchtung zu gewährleisten.

Für einen klassischen Wohnwagenservice, der jährlich oder alle 5000 km durchgeführt werden soll und bei dem der Verschleiß von Bremsen und Auflaufeinrichtung und die Elektrik geprüft sowie bewegliche Teile geölt/gefettet und Schrauben nachgezogen werden, müssen 185 Euro einkalkuliert werden. Ebenfalls 185 Euro kostet es, wenn die Bremsen im Zweijahresturnus geöffnet und kontrolliert werden. Ersatzteile bei verschlissenen Belägen kommen extra. Das bloße Einstellen der Bremse wird mit rund 100 Euro berechnet.

Beim Reisemobil bestimmt das Basisfahrzeug die Kosten für Wartung und Kundendienst, was diese deutlich erhöht. Das am weitesten verbreitete Trägerfahrzeug für Reisemobile, der Fiat Ducato, verlangt alle zwei Jahre oder nach jeweils 48 000 Kilometern (je nachdem, was früher eintritt) einen Service mit Tausch aller Flüssigkeiten und Filter, der ohne Ersatzteile rund 800 Euro kostet.

Reifen: Um Tempo 100 fahren zu können, dürfen die Wohnwagenreifen nicht älter sein als sechs Jahre – auch wenn das Profil dann noch gut ist. Bei den profilstarken Reifen von Wohnmobilen darf man von Leistungen von bis zu 60 000 km ausgehen.

Durchschnittskaufpreise Caravan und Reisemobil

Leserinnen und Leser von CARAVANING und promobil tendieren zu gut ausgestatteten und dadurch teureren Caravans und Reisemobilen. Die unten stehend Zahlen zeigen, wie viel sie durchschnittlich für ihre Neufahrzeuge ausgegeben haben. Repräsentativ sind diese Zahlen nicht.

Caravans: 30 379 Euro

Reisemobile: 121 900 Euro

Pincamp und camping.info ermitteln die Durchschnittspreise für eine Übernachtung auf dem Campingplatz – auf unterschiedlicher Basis.

Die Übernachtung auf kostenpflichtigen Reisemobilstellplätzen ist günstiger. Zudem gibt es viele Gratis-Plätze. Die meisten sind für Caravans aber tabu.

Bei Caravans fallen nach sechs Jahren überschaubare Kosten für den Reifentausch an. Je nach Räder- und Reifengröße (üblich sind 14 und 15 Zoll) und Reifenfabrikat fallen inklusive Montage zwischen 180 und 220 Euro für zwei Reifen an (Quelle: Camperland Bong). 20–30 Euro teurer sind Reifen für 17-Zoll-Felgen, die optional bei etlichen Caravan-Herstellern als Einzel- oder Paketoption angeboten werden.

Wohnmobilreifen sind mit 150–300 Euro je Stück deutlich teurer. Die Montage samt Auswuchten kommt zu diesem Preis üblicherweise noch dazu.

Hauptuntersuchung und Gasprüfung: Bei Neufahrzeugen nach drei, später alle zwei Jahre ist die Hauptuntersuchung bei privat genutzten Freizeitfahrzeugen fällig. Bei Kraftfahrzeugen muss dabei meist auch die Abgasunteruchung AU gemacht werden, die extra berechnet wird und bei Anhängern natürlich entfällt. Preise für HU und AU können je nach Prüforganisation und Bundesland leicht differieren.

Für einen Caravan kostet die HU rund 60 Euro. Bei Reisemobilen bis 7,5 Tonnen werden für HU und AU rund 180 Euro fällig. Fahrzeuge über 7,5 Tonnen müssen jährlich zu HU/AU, was zudem rund 200 Euro kostet.
Viele Prüforganisationen bieten auch Gasprüfungen (G 607) an. Die Preise sind für Caravans und Reisemobile identisch und liegen bei rund 70 Euro. Mit 30–60 Euro meist günstiger ist die Kontrolle der Gasanlage samt -geräten bei Fach-Werkstätten oder auf dem Campingplatz.

Dichtigkeitsprüfung: Jeder Caravan und jedes Wohnmobil muss einmal jährlich zur Dichtigkeitsprüfung, damit die Dichtheitsgarantie nicht verfällt. Die Preise können, müssen sich zwischen den Fahrzeuggattungen aber nicht unterscheiden. Das Camperland Bong weist auf seiner Website die Werkstattpreise vorbildlich aus: Für Caravans verlangt der Handels- und Servicebetrieb 90 Euro, für Kastenwagen 125 Euro und für Reisemobile aufgrund der meist höheren Anzahl von Außenklappen und ggf. Doppelböden 150 Euro. In die Prüfung aller Wände und der Verbindungen zu Dach und Boden mit einem Hygrometer eingeschlossen sind auch die Überprüfung des allgemeinen Zustandes samt baulicher Veränderungen und eine Geruchsprüfung – weil sich Nässeschäden oft auch durch Muff bemerkbar machen.

Steuern: Weil auch Anhänger die Straße abnutzen, wird eine Steuer fällig, die sich nach dem zulässigen Gesamtgewicht (zGG) richtet. Pro angefangene 200 kg Gesamtgewicht müssen 7,46 Euro bezahlt werden. Bei einem 2-Tonnen-Caravan summiert sich das also auf 74,60 Euro.

Bei Wohnmobilen setzt sich die Steuer aus zulässigem Gesamtgewicht (zGG) und Schadstoffklasse zusammen. Ausgehend von der

Schadstoffklasse wird der entsprechende Steuersatz dann je angefangene 200 Kilo Gewicht einmal fällig. Allerdings gilt für die ersten 2000 Kilogramm ein höherer Steuersatz als für das Gewicht darüber hinaus. So fallen etwa für ein aktuelles Wohnmobil der Schadstoffklasse S4 für die ersten zehn 200-Kilo-Schritte je 16 Euro an, für alle weiteren je 10 Euro. Das ergibt bei einem 3,5-Tonnen-Mobil: 240 Euro.

Versicherung: Ohne Versicherung keine Zulassung. Obwohl der Caravan während der Fahrt über das Zugfahrzeug haftpflichtversichert ist, braucht er eine eigene Haftpflichtversicherung, die für Schäden aufkommt, die er abgekuppelt verursachen könnte – zum Beispiel durch Wegrollen.

Haftpflicht-, Teil- und Vollkaskoversicherungen können für beide Fahrzeuggattungen abgeschlossen werden. Da sich die Versicherungsbeiträge anhand sehr vieler Faktoren berechnen, können die folgenden Angaben nur als grober Anhaltspunkt gesehen werden. Wir haben den Rechner der WGV-Versicherung benutzt.

Für einen eineinhalb Jahre jungen Caravan mit GfK-Dach (Kaufpreis: 25 000 Euro) sollte man mit rund 180 Euro Teil- und 565 Euro Vollkaskobeitrag rechnen.

Ein gleich altes Wohnmobil mit 140-PS-Motor, zwei 50-jährigen Fahrern, 20 000 Kilometer Jahresfahrleistung und »sonstigem Abstellort« kostet 565 Euro Teil- und 967 Euro Vollkaskobeitrag.

Schutzbriefe: Ein sehr spezielles Thema, vor allem für Caravaner: Während alle großen Automobilclubs klare Regeln für motorisierte Fahrzeuge haben, die meist auch für Reisemobile unter 7,5 Tonnen gelten, schauen Caravaner häufig in die Röhre. Denn wenn das Zugfahrzeug einen Defekt oder Unfall hat, ist der Caravan ja meist unversehrt und daher vom Schutzbrief nicht abgedeckt. Glück hat man, wenn der Schleppwagen das Auto auflädt und den Caravan bis zur Abladestelle mitnimmt. Ab dort muss man schauen, wie der Caravan wegkommt. Selbst Mietwagen helfen dann oft nicht, weil die nur selten mit Anhängekupplung bestückt sind – und die Mietwagenfirmen oft keine Kenntnis davon haben, ob ihre Fahrzeuge damit ausgestattet sind.

Reisekosten

Im Campingurlaub werden die Kosten bestimmt von Kraftstoff- bzw. Energiekosten sowie Maut- und Übernachtungspreisen.

Camping-/Stellplatz: Die durchschnittlichen Übernachtungspreise auf Campingplätzen in Deutschland und Europa ermitteln jährlich die Portale Pincamp und camping.info. Pincamp errechnet die Kosten für eine Übernachtung auf Basis von zwei Erwachsenen und einem Kind in der Hochsaison und kommt auf 40 Euro in Deutschland und 52 Euro in Europa. Camping.info ignoriert saisonale Besonderheiten und legt zwei Personen zugrunde: Ergebnis: 28,86 Euro für eine Nacht in Deutschland und 25,78 Euro für Camping im europäischen Ausland.

Stellplätze wiederum sind deutlich günstiger, weil es Gratis-Stellplätze gibt und selbst Luxus-Stellplätze selten mehr als 25 Euro pro Nacht kosten. Die Datenbank des Stellplatz-Radar errechnet 14,91 Euro für kostenpflichtige Stellplätze in Deutschland respektive 14,74 für eine Übernachtung auf einem europäischen Platz. Zusätzlich sind Reisemobilisten auch bei Winzern, Bauernhöfen, Restaurants und anderen Betrieben gern gesehene Gäste, während Caravaner hier mehrheitlich ausgeschlossen werden. Damit besteht für Reisemobil-Camper theoretisch und praktisch die Möglichkeit, die Übernachtungskosten niedriger zu halten.

Maut: In der Schweiz ist die Sache klar: Hier brauchen Zugfahrzeug und Caravan eine Jahresvignette, was die Kosten gegenüber einem Wohnmobil bis 3,5 Tonnen verdoppelt. In Frankreich zählt alleine die Höhe des Fahrzeugs – zwischen zwei und drei Meter Höhe sind Caravans und Reisemobile in Klasse 2 eingeordnet. Über drei Meter wird es noch mal teurer, was vor allem Alkoven-Reisemobile, Liner und Campingbusse mit Hochdach trifft. In Italien wiederum ist die Zahl der Achsen maßgeblich – weshalb Doppelachs-Caravans hier teurer sind als einachsige Wohnwagen oder sogar Wohnmobile. ■

Der Unterschätzte

Schon als Neufahrzeug galten Alkoven von Rimor als echte Schnäppchen. Auch gebraucht sind sie heute günstig zu haben. Ein Risiko? Es kommt ganz darauf an, wie unser Check zeigt.

Text Ulrich Kohstall
Fotos Ulrich Kohstall, Archiv

Aufbautür: *Von simpelster Machart ist die Tür, die sich leicht verzieht und entsprechend schlecht abdichtet. Ebenfalls typisch für viele Rimor: ein hoher Einstieg mangels ausfahrbarer Trittstufe.*

Seitenschürzen: *Breite, aber ziemlich fragile Kunststoffteile sollen den Aufbau rundum schützen. Tatsächlich werden sie oft schon ohne Rempler rissig. Ersatzteile sind bei betagten Modellen schwer aufzutreiben.*

Zuladung: *Die Alkoven von Rimor punkten durch ihre Geräumigkeit. Weil es sich jedoch durchweg um 3,5-Tonner handelt, ist die Zuladung vieler Modelle für den großen Familienurlaub knapp bemessen.*

Alkoven: *Nicht wenige Rimor sind von Undichtigkeiten betroffen. Besonders oft dringt Feuchtigkeit im Bereich des Alkovens ein. Hier also besonders genau hinsehen und auf Schimmelbildung achten.*

Rimor Alkovenmobile

Außenklappen: *Eine wenig präzise Passung und nachlassende Dichtungen können zu Wassereintritt in den Stauräumen führen. Im Extremfall führt das beispielsweise zur Aufweichung des hölzernen Bodens an der Heckgarage.*

Fahrerhaus: *Die Karosserie des bei Rimor gängigen Ford Transit ist nur unzureichend gegen Rost geschützt. Bei älteren Modellen rosten insbesondere die Unterkanten der Türen und die Seitenschweller.*

Typisch für Familiengrundrisse ist der Einstieg im Heck. Gegenüber befinden sich Stockbetten in Längsrichtung.

Die Stoffe sind zwar längst aus der Mode, aber sonst hat sich dieser gepflegte Europeo im Innenraum gut gehalten.

Einst standen sie mit großen Preisschildern wie Discount-Angebote auf den Messen, heute findet man sie auf dem Händlerhof eher hinten in der Ecke: Alkovenmobile des italienischen Herstellers Rimor. Wer sich herantraut, braucht schon etwas Mut. Er könnte belohnt werden durch ein geräumiges und oft familiengerechtes Wohnmobil zum kleinen Preis. Nach unseren Recherchen, die sich auf die Baujahre von 1994 bis 2006 beziehen, ist das Risiko überschaubar. Alte Rimor können eine Menge wegstecken. Käufer müssen vor allem zwei Punkte berücksichtigen, um sich vor Ärger und hohen Kosten zu schützen: Bei defekten Teilen ist Ersatz oft nur schwer zu beschaffen. Und noch wichtiger: Der Aufbau muss dicht sein. ■

Daten & Fakten

Rimor Alkoven (Baujahre 1994–2006)
Vorgestelltes Modell: Rimor Europeo 78, Ford Transit (100 PS)
Erstzulassung: 3/1998
Kilometerstand laut Händler: 124 000
Außenlänge: 6,67 Meter
Zulässiges Gesamtgewicht: 3500 kg
Bauweise: Alkovenmobil mit Alu- oder GfK-Außenhaut, Holzverstärkungen, EPS-Isolierung, Unterboden aus Sperrholz.

Nicht gespart wurde bei den größeren Rimor-Modellen an einem geräumigen Sanitärraum mit separater Dusche.

Robust statt raffiniert ist bei älteren Transit nicht nur der Antrieb, sondern auch die Ausstattung des Fahrerhauses.

Baureihen & Modelle

Mitte der 1990er Jahre bot Rimor für Alkovenfreunde eine reiche Auswahl: Mit Kivi, Kontiki und Korsaro standen drei Baureihen auf dem Fiat Ducato zur Wahl, während der Brig auf dem Ford Transit basierte. Im Jahr 2000 wurde der Transit erneuert, siehe Bild; es zeigt einen Super Brig von 2002. Auf dem Ford basierten auch die Kampfpreisserien Unico und Euro. Der Europeo war mit unterschiedlichen Chassis zu haben. Rimor verwendete auch Mercedes Sprinter sowie VW LT.

Markt & Preise

Die aktuell starke Nachfrage bei gebrauchten Wohnmobilen wirkt sich auch auf Bestand und Preise von Rimor-Alkoven aus. Dennoch bleibt in der Günstigklasse unter 15 000 Euro eine gewisse Auswahl. Zu echten Schnäppchenpreisen werden meist Modelle angeboten, die nicht mehr den heutigen Ansprüchen genügen, also kurze Varianten ohne viel Stauraum und ohne kräftigen Turbodiesel. Ein gutes Preis-Leistungs-Verhältnis können viele Rimor aber auch in der 20 000-Euro-Liga bieten. Hier handelt es sich meist um geräumige und familienfreundliche Grundrisse auf Ford-Transit-Basis, die weniger als 20 Jahre alt sind und noch keine 200 000 Kilometer auf dem Tacho haben.

Der Dauerläufer

Jahrzehntelang zählte die Alkovenbaureihe Camp zu den festen Größen im Hymer-Programm. Wir haben uns die Gebrauchten auf Basis der zweiten Fiat-Ducato-Generation näher angesehen.

Text Ulrich Kohstall
Fotos Ulrich Kohstall, Archiv

Stauraum: *Obwohl Hymer den Platz beispielsweise mit Unterbodenfächern gut ausnutzte, können die Staukapazitäten vieler Camp-Grundrisse nicht mehr aktuellen Ansprüchen standhalten. Wer wirklich Transportbedarf hat, sollte unbedingt Modelle mit Doppelquerbett im Heck und Garage wählen – diese sind jedoch selten.*

Aufbauboden: *Die fortschrittliche Hymer-Bauweise bezieht sich bei den damaligen Hymer Camp nicht auf die Bodenplatte. Hier kommen Sperrholz und Holzverstärkungen zum Einsatz. Wenn der Unterbodenschutz nicht unversehrt ist, kann Feuchtigkeit eindringen.*

Betten: *Typische Grundrisse des Hymer Camp gelten heute als kompromissbehaftet. Die einzige feste Liegefläche befindet sich meist im Alkoven und muss erklettert werden. Passend ist das jedoch für die Familiengrundrisse mit Etagenbetten längs oder quer im Heck.*

Fahrerhaus: *Viele Hymer Camp stammen noch aus den 1990er Jahren, sind also über 20 Jahre alt. Bei frühen und weniger gepflegten Exemplaren kommt es zu Durchrostungen an den Türen, den Türschwellern und den Radläufen.*

Hymer Camp

Wasseranlage: *Die Tauchpumpe gilt als Verschleißteil und ist glücklicherweise leicht auszuwechseln. Nicht ganz so einfach klappt das bei den oft defekten Wasserhähnen. In Einzelfällen berichten Besitzer auch von Undichtigkeiten an Wasserverteiler und Schläuchen.*

Kunststoffteile: *Speziell im Bad setzte Hymer großflächig Kunststoffe ein, die sich im Lauf der Jahre oft verfärben. Kritisch wird es, wenn Duschwanne oder Waschbecken Risse haben und undicht geworden sind – genau hinsehen.*

2002 wandelte sich der Ducato vom 230 zum 244 und bekam ein neues Armaturenbrett mit mehr Ablagemöglichkeiten.

Obwohl der hier gezeigte Hymer Camp 544 K nur 5,61 Meter lang ist, hat er ein richtiges Wohnzimmer zu bieten.

Seit 2011 baut man bei Hymer keine Alkovenmobile mehr. Für Käufer, die ein praktisch orientiertes Wohnmobil aus zweiter Hand suchen, ist das kein Problem, denn auf dem Gebrauchtmarkt kann man schnell fündig werden. Die damaligen Verkaufsargumente gelten heute noch: Der Camp gefällt durch seine Verarbeitungsqualität und hochwertige Aufbaumaterialien. Statt Holz und Styropor steckt solider PU-Schaum in den Sandwichplatten. Das gilt jedoch nicht für die Bodenplatte. Unabhängig davon kommen Undichtigkeiten beim Camp selten vor. Vergleichsweise unproblematisch ist auch die Ersatzteilversorgung. Worauf man neben altersbedingten Verschleißerscheinungen trotzdem achten sollte, zeigt die Übersicht. ■

Daten & Fakten

Hymer Camp (Baujahre 1994–2006)
Vorgestelltes Modell: Hymer Camp 544 K, Fiat Ducato (110 PS), Erstzulassung 4/2004
Kilometerstand laut Händler: 89000,
Außenlänge: 5,61 Meter
Zulässiges Gesamtgewicht: 3500 kg
Bauweise: Alkovenmobil mit Alu-Außenhaut und Sperrholz-Unterboden, Isolierung PU-Schaum (Dach, Wände) und EPS (Boden).

Zum Modelljahr 2003 wurde der Camp innen modernisiert. Die Kunststoffe an den Möbeln wirken heute noch solide.

Neuere Camp gefallen durch ihr unverändert modernes Bad. Der schwenkbare Waschtisch macht Platz für die Dusche.

Baureihen & Modelle

Von 1996 bis 2002 fährt die Camp-Baureihe zweigleisig. Für Einsteiger baut Hymer die einfacheren Camp-Swing-Modelle. Das Bild zeigt einen Swing 594 von 1999. Der klassische Camp erhält 1998 den links gezeigten kuppelförmigen Alkoven und viele Merkmale der Integrierten von Hymer. Hier wie dort decken die Grundrisse nahezu alle Bedürfnisse ab. Als Basis-Alternative gibt es den Camp Starline auf Mercedes. Nach dem Fiat-Modellwechsel 2006 kommt auch der Ford in Frage.

Markt & Preise

Der Name Hymer steht für einen hohen Wiederverkaufswert. Für Schnäppchenjäger passt der Camp daher kaum ins Beuteschema. Ein günstiger Einstieg kann jedoch gelingen, wenn man sich auf Swing-Modelle und kurze Varianten konzentriert. In diesem Fall kann man schon für weniger als 15 000 Euro ein solide gebautes Wohnmobil bekommen. Ein breites Angebot bei nicht ganz so lebhafter Nachfrage führt auch zu gedämpften Preisen beim klassischen 544 mit großer Sitzgruppe. Ansonsten sollte man 20 000 Euro oder mehr für einen Hymer Camp einplanen. Dann bekommt man beispielsweise auch einen langen 644 mit Heckgarage oder einen der raren Starline auf Mercedes Sprinter.

Der Vielseitige

Frankia feiert gerade den 60. Geburtstag. Wir haben uns die älteren Modelle angesehen, genauer gesagt die Baujahre von 1995 bis 2006. Können sie als Gebrauchte überzeugen?

Text Ulrich Kohstall
Fotos Ulrich Kohstall, Archiv

Grundrisse: *Die Variationsbreite der Einrichtungen ist enorm. Das liegt vor allem daran, dass ab Werk zahlreiche Sonderwünsche und Individualisierungen möglich waren. Große Stauräume haben fast alle Modelle, nicht aber in jedem Fall vier Gurte und Schlafplätze. Je nach Konstellation mangelt es einigen Ausführungen an Zuladungsreserven. Bei Integrierten ist manchmal die Vorderachse zu stark belastet. Nur Nachwiegen vor dem Kauf bringt Klarheit.*

Basisfahrzeug: *Schon vor vielen Jahren hatten Frankia-Käufer die Wahl zwischen dem Fiat- oder Mercedes-Fahrgestell. Der Ducato wurde oft wegen des nur hier wirklich großen und durchgehenden Doppelbodens geordert, der Sprinter nicht zuletzt wegen der lieferbaren Automatik. Das eher seltene automatisierte Sprint-Shift-Getriebe macht häufiger Probleme. So oder so nagt bei älteren Alkoven der Rost am Fahrerhaus.*

Außenklappen: *Kaum ein Wohnmobil hat so viele Außenzugänge wie ein Frankia. Sehr praktisch – allerdings können sie eine Ursache für Undichtigkeiten sein. Häufiger streiken die Schlösser, in selteneren Fällen auch die Scharniere.*

Undichtigkeiten: *Trotz einer insgesamt soliden Aufbaukonstruktion dringt bei vielen Frankia Feuchtigkeit ins Innere. Besonders gefährdet sind die A-Modelle, wo rund um den Alkoven verstärkt Undichtigkeiten auftreten. Grundsätzlich gilt es, alle Außenkanten akribisch zu prüfen, außerdem die Ausschnitte von Fenstern und Dachhauben.*

Frankia A-, T- und I-Modelle

Heizung: *In den meisten Frankia steckt die übliche Truma-Gasheizung. Manche Modelle wurden aber auch mit einer Alde-Warmwasserheizung oder einer speziellen Eberspächer-Dieselheizung ausgerüstet. Beide Systeme sind komplexer und deshalb mit steigendem Alter auch anfälliger, insbesondere die Kraftstoffheizung.*

Aufbaumaterial: *Ab Baujahr 2000 kommt GfK statt Alu als Außenhaut zum Einsatz. Das wirkt bei frühen Exemplaren zwar wellig, ist aber robuster. Dennoch kam es bei vielen Modellen um Baujahr 2001 zu einem gravierenden Problem: Das Dach senkte sich in der Mitte ab. Bei heutigen Gebrauchten sollte dieser Mangel eigentlich längst behoben sein.*

Nostalgisch wirkt der Röhrenmonitor für die Rückfahrkamera. Immer noch gut: Sprinter mit Fünfzylinder und Automatik.

Dieser I 6900 verzichtet auf die früher gängige Dinette zugunsten eines L-Sofas, das sogar integrierte Gurte hat.

Ein älterer Frankia sieht auf den ersten Blick vielleicht nicht spektakulär aus. Dennoch hat man es fast immer mit einem besonderen Wohnmobil zu tun. Erfolgreich eroberte die fränkische Marke eine Nische zwischen Mittel- und Luxusklasse. Durch viele Eigenheiten sorgte die Tochtermarke der französischen Pilote-Gruppe immer wieder für Verblüffung. Bereits Mitte der 1990er Jahre ging hier der Doppelboden in Serie – weshalb wir hier die Modelle von 1995 bis zum Fiat-Modellwechsel 2006 betrachten. Frankia entwickelte eine besondere Aufbaukonstruktion, erfand das Raumbad und Klappbett im Wohnmobil, baute Slide-outs in den Aufbau und setzte schon früh auf die beliebten L-Sitzgruppen und große Garagen. ■

Daten & Fakten

Frankia A, T und I (1995–2006)
Vorgestelltes Modell: Frankia I 6900, Mercedes Sprinter (122 PS)
Erstzulassung: 5/1998,
Kilometerstand laut Händler: 116 000
Außenlänge: 7,09 m
Zulässiges Gesamtgewicht: 3800 kg.
Bauweise: Integrierter mit Alu-Außenhaut und Sperrholz-Unterboden, Isolierung EPS.

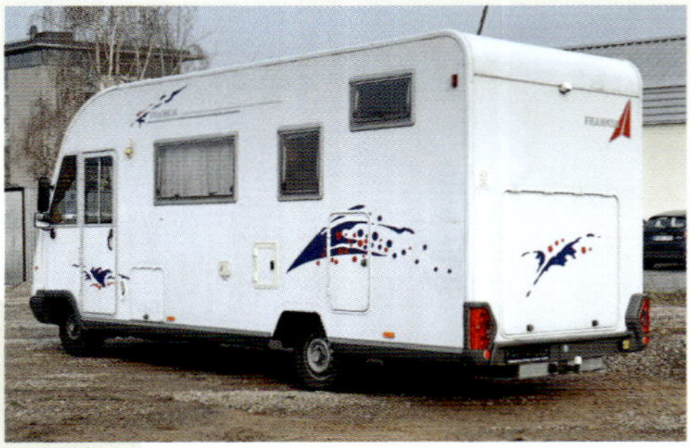

Neben der schlichten Aufbautür steht die Küche, dahinter der Kleiderschrank. Der Stil? Na ja, sagen wir traditionell.

Weil auch dieses I-Modell wie viele Frankia eine separate Dusche hat, gibt es im Bad ziemlich robuste Holzmöbel.

Baureihen & Modelle

Das Bild zeigt den Integrierten, Alkoven und Teilintegrierten der Saison 2003. Fast alle Grundrisse konnten mit allen drei Aufbauformen geliefert werden. Neben marktüblichen Grundrissen kamen bei Frankia viele eigene Ideen zum Einsatz, die sich nicht immer durchsetzten, etwa ein Längshubbett im Teilintegrierten oder ein Hubwaschbecken über dem WC. Vielfalt war bei Frankia auch unter den Basisfahrzeugen angesagt: Hier kamen früher auch Ford Transit, Toyota Hilux und Nissan Trade zum Einsatz. Die Mehrheit bilden jedoch Fiat- und Mercedes-Fahrgestelle, oft in schwerer Ausführung.

Markt & Preise

Am häufigsten trifft man bei der Suche nach einem gebrauchten Frankia auf Integrierte, den zweiten Platz belegen die Alkoven, seltener sind Teilintegrierte. Bei Grundriss und Größe ist die gesamte Bandbreite vertreten. Es heißt also genau hinsehen, was wirklich für die eigenen Bedürfnisse passt. Die Preise für Baujahre von 1995 bis 2006 beginnen um 10 000 Euro in der Schnäppchenecke. Hier stehen die wenigen Modelle auf Nissan-Basis, die bei Reparaturen Improvisationstalent erfordert. Für klassische Frankia sollte man um 25 000 Euro bereitlegen – nicht übertrieben. Man bezahlt meist Mittelklassepreise für Fahrzeuge, die mit vielen Merkmalen eher in der Oberklasse angesiedelt sind.

Der Unauffällige

Aufbautür: *Einfache Ursache für Undichtigkeiten am Einstieg ist oft eine verschlissene Gummidichtung. Manchmal hat sich aber auch die gesamte Tür verzogen. Es kommt ebenfalls zu Defekten am Schloss. Es lohnt sich außerdem, darauf zu achten, dass die Außenklappen sauber und dicht schließen.*

Optisch fallen frühe T-Modelle von Dethleffs kaum auf. Doch bei der Suche nach gebrauchten Teilintegrierten lohnt ein näherer Blick: Insbesondere Advantage T sind schlicht, aber sehr solide.

Text Ulrich Kohstall
Fotos Ulrich Kohstall, Archiv

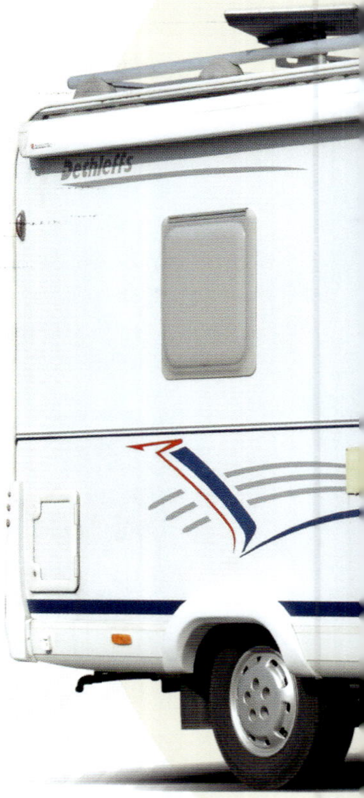

Duschwanne: *Durch regelmäßige Belastung, aber auch Alterung des Kunststoffs werden die Ablaufwannen rissig. Teure Feuchtigkeitsschäden an der Bodenplatte sind dann möglich.*

Dachluken: *Von simpler Machart sind die Oberlichter. Bei älteren Modellen lässt manchmal die Abdichtung nach; es kann Feuchtigkeit eindringen. In Einzelfällen kommt es vor, dass sich Luken während der Fahrt verabschieden.*

Wasserpumpe: *Die Tauchpumpe verschleißt recht schnell, besonders wenn sie längere Zeit trocken läuft. Ein Austausch ist aber einfach und vergleichsweise günstig. Rostige Schlauchschellen im Wassertank sollten ebenfalls gleich ausgewechselt werden.*

Dethleffs T-Modell

Wasserhähne: *Die Kunststoffarmaturen in Küche und Badraum haben regelmäßig mit Undichtigkeiten zu kämpfen und müssen in diesem Fall komplett ausgewechselt werden, was je nach Einbausituation knifflig ist.*

Unterboden: *Die T-Modelle basieren auf dem Plattformfahrgestell von Fiat statt auf einem Leiterrahmen. Für den Aufbau wurde der Blechboden teilweise modifiziert – und nicht immer gut gegen Rost geschützt.*

Das etwas verspielte Armaturenbrett kennzeichnet den Fiat Ducato nach dem umfangreichen Facelift im Frühjahr 2002.

Helle und geradlinige Möbel passen immer noch in die Zeit. Der Advantage T 5801 hat die selteneren Längsbänke.

In ihrer langen Geschichte hat die Marke Dethleffs häufiger mit extrovertierten Wohnmobilen auf sich aufmerksam gemacht. Die Teilintegrierten auf Basis der zweiten Fiat-Generation zählen nicht dazu. Ihrem Erfolg tat das keinen Abbruch, im Gegenteil. Speziell die günstige Advantage-Baureihe war als T-Modell gefragt und ist heute entsprechend präsent unter den Gebrauchten. Nimmt man sie unter die Lupe, fällt auf, dass damals nicht an der Verarbeitungsqualität gespart wurde. Undichtigkeiten am Aufbau entdeckt man erfreulich selten. Nur bei einigen Komponenten griff Dethleffs wohl zu Billigware, was sich im Lauf der Jahre durch erhöhten Verschleiß bemerkbar macht, meist aber kein unlösbares Problem mit sich bringt. ■

Daten & Fakten

Dethleffs T-Modelle (1994–2006)
Vorgestelltes Modell: Dethleffs Advantage T 5801, Fiat Ducato (110 PS)
Erstzulassung: 6/2005
Kilometerstand laut Händler: 62 500
Außenlänge: 6,11 Meter
Zulässiges Gesamtgewicht: 3400 kg
Bauweise: Teilintegrierte mit Aluminium-Außenhaut (Hammerschlag oder glatt), Holzfachwerk, EPS-Isolierung, Unterboden aus Sperrholz.

Wie bei vielen älteren T-Modellen befindet sich der größte Stauraum unter dem Längsbett, wo auch die Technik steckt.

Während das Metallwaschbecken lange neuwertig bleibt, altern die Kunststoffteile und können brüchig werden.

Baureihen & Modelle

Die frühen Teilintegrierten von Dethleffs tragen den Buchstaben H (für Halbintegriert) und basieren auf dem Fiat Ducato mit Leiterrahmen. Erst im Jahr 2000 tauchen die ersten Advantage T mit Flachboden-Chassis und reduzierter Höhe auf. Ab 2004 kommt eine schmalere Variante hinzu: der Globebus (Bild), der auch in frechen Farben zu haben ist. Aufbautechnisch vergleichbar sind außerdem der Esprit RT auf Renault Master sowie der Fortero H und Globevan (auch als Jubivan) auf Ford Transit.

Markt & Preise

Obwohl die Dethleffs T-Modelle als Neuwagen vor allem durch ihr gutes Preis-Leistungs-Verhältnis auffielen, zählen sie als Gebrauchte nicht unbedingt zu den Schnäppchen. Ihre solide Machart hat sich wohl herumgesprochen. Auch weil die Produktion der T-Varianten erst mit dem Fiat-Facelift im Jahr 2002 so richtig in Schwung kam, sind ältere und somit auch sehr günstige Modelle selten. Um 20 000 Euro sollte man für einen Advantage T schon in der Tasche haben. Für gefragte Varianten wie den T 6611 mit Einzelbetten und Garage muss man um 30 000 Euro einkalkulieren. Der kompakte Globebus auf Fiat-Basis wird übrigens etwas teurer gehandelt als vergleichbare Advantage T.

Der Doppeldecker

Einen doppelten Boden gibt es nicht nur bei Wohnmobilen der Oberklasse. Eura Mobil baut das praktische Kellerabteil schon seit 1994 ein. Heute sind diese Modelle recht günstig zu haben.

Text Ulrich Kohstall
Fotos Ulrich Kohstall, Archiv

Einrichtung: *Holzverarbeitung und Möbelbau zählten bei Eura Mobil stets zur Kernkompetenz, was sich durch ein robustes Interieur bei allen Modellen zeigt. Empfindlicher sind dagegen die großen Kunststoffteile im Bad, die manchmal brüchig werden. Kontrolle ist wichtig: Undichte Duschwannen können folgenreiche Schäden mit sich bringen.*

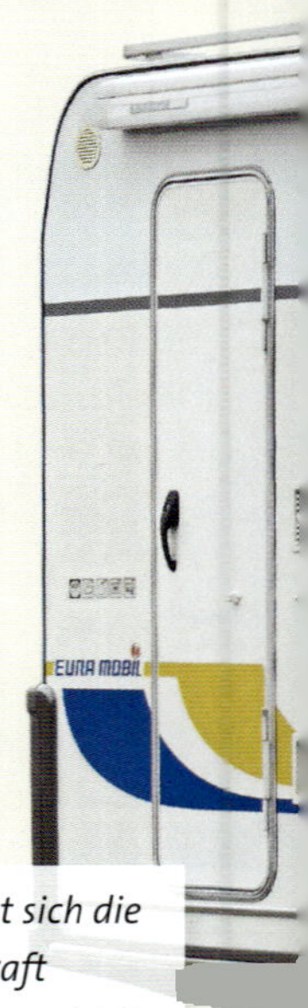

Tür und Fenster: *Bei einigen Modellen hat sich die Tür verzogen und lässt sich nur mit viel Kraft öffnen. Auch die ausfahrbaren Trittstufen – wichtig wegen des hohen Einstiegs – streiken hin und wieder. Von guter Qualität sind dagegen die soliden Fenster mit Kunststoffrahmen.*

Seitliche Anbauteile: *Die gehobenen Alkovenmodelle von Eura Mobil fallen durch ihre massiv wirkenden Seitenschürzen und Heckleuchtenträger auf. Meist blättert in fortgeschrittenem Alter der Klarlack ab – das ist ebenso wie vergilbte Kunststoffwände und verblichenes Klebedekor letztlich ein optisches Problem.*

Dachkonstruktion: *Bei älteren Modellen ist das Dach mit Alu beplankt, neuere haben hier eine GfK-Außenhaut – beide bieten keinen garantierten Schutz vor Ärger. Es kommt ebenso zu Alufraß, also Korrosion, wie zu Rissen in der Kunststoffoberfläche. Modelle mit glatten Wänden haben auch seitlich GfK.*

Alkoven: *Die Kopffreiheit fällt im Bugbett nicht gerade üppig aus. Menschen mit Platzangst suchen sich besser einen Grundriss mit Liegefläche im Heck. Ein prüfender Blick in die Aufbaunase gehört dennoch zum Pflichtprogramm: Rund um den Alkoven kommt es bei einigen Modellen verstärkt zu Undichtigkeiten.*

Eura Mobil 590 LS

Doppelter Boden: *Als einer der ersten großen Hersteller konzipierte Eura Mobil seine Aufbauten mit einem durchgehenden Kellerabteil. Der doppelte Boden verbessert Wintertauglichkeit und Stauvolumen. Hier ist auch die Bordtechnik gut geschützt untergebracht. Der Unterboden selbst besteht aus Sperrholz und verlangt einen regelmäßigen Schutzanstrich.*

Aufbaukanten: *Sämtliche Nahtstellen verdienen einen kritischen Blick. Hier tritt mitunter Feuchtigkeit ein, zu erkennen mit einem Messgerät vom Profi oder durch Stockflecken, Schimmel sowie muffige Gerüche im Innern. Der Übergang zum Fahrerhaus und die Rückwand sind oft von Dichtigkeitsproblemen betroffen. Wichtig ist am Heck die Kontrolle der Unterkante und der Bodenplatte.*

Lange hielt sich bei Eura Mobil der Wohnmobilbarock der frühen Jahre. Dafür gibt es hier noch massive Hölzer.

Im 590 LS hat der Alkoven die einzige feste Liegefläche. Es gibt aber auch Eura-Grundrisse mit Bett im Heck.

Die meisten Wohnmobilhersteller fingen mit Alkoven an. Bei Eura Mobil hat man diese Bauart ganz besonders gepflegt. Ein großer Teil der Produktion war früher schließlich für die Vermietung vorgesehen, wo diese praktische Aufbauform jahrelang weit verbreitet war. Durch die Kombination mit einem durchgehenden Doppelboden erwarben sich die Modelle von Eura Mobil im Lauf der Jahre einen guten Ruf. Sie gelten als robust und überaus praxistauglich. Zu Recht? Wir haben uns bei den Gebrauchten umgesehen. Tatsächlich erscheint die Inneneinrichtung oft heute noch unverwüstlich. Kritischer sind mögliche Undichtigkeiten am Aufbau. Die hier zusammengestellten Tipps beziehen sich auf die Baujahre von 1994 bis 2006. ■

Daten & Fakten

Eura Mobil 590 LS
Erstzulassung: 7/1998
Kilometerstand laut Tacho: 133 000
Preis: 16 499 Euro
Zulässiges Gesamtgewicht: 3500 kg
Basisfahrzeug: Fiat Ducato, Leiterrahmen
Bauweise: Alkovenaufbau mit Alu- und GfK-Außenhaut, Holzfachwerk, Styropor-Isolierung

Die seitliche Sitztruhe bietet hier das größte Staufach. Der Doppelboden erweitert den Raum nach unten.

Karges Fahrerhaus im Fiat von 1998. Einige Varianten baute Eura Mobil auch auf den Mercedes Sprinter.

Baureihen & Modelle

Traditionell bezeichnete Eura Mobil seine Alkovenmobile nur mit Zahlen und Buchstaben. Erst 1996 kommt die günstigere Sport-Baureihe hinzu (Bild), die innen moderner wirkt und ebenso einen doppelten Boden hat. Seitdem heißen die höherwertigen Alkoven Activa. Hier wie dort bekommt man für manche Grundrisse ein Mercedes-Chassis. 2002 erhalten beide Alkovenserien eine rundum schickere Inneneinrichtung, 2005 präsentiert Eura Mobil die günstige Profila-Baureihe auf Ford-Basis.

Markt & Preise

Alkovenmobile sind heute nicht mehr so gefragt wie früher. Das macht Gebrauchte für Schnäppchenjäger umso interessanter. Modelle von Eura Mobil auf Basis des 1994 erneuerten Fiat Ducato sind bereits ab etwa 10 000 Euro zu finden. Wer den 2002 gelifteten Ducato oder einen Mercedes Sprinter bevorzugt, sollte um 20 000 Euro als Budget einplanen. Die Auswahl ist groß. Allerdings trifft man unter den frühen Exemplaren vor allem auf Grundrisse mit opulenter Sitzgruppe, während die beliebteren Heckgaragen erst bei neueren Fahrzeugen stärker verbreitet sind. Kaum zu schlagen, wenn es um das Preis-Raum-Verhältnis geht: die mächtigen Eura Mobil Alkoven mit drei Achsen.

Der Ungewöhnliche

Außendekor: *Abhängig von Witterungseinflüssen, verblasst der Schick des Hobby oft nach einigen Jahren. Die blaue Folie ermattet, außerdem können sich an den silberfarbenen Kunststoffverkleidungen am Heck Risse bilden, was früher oder später einen Austausch nötig macht.*

Ihre schwungvollen Formen und Dekore ziehen immer noch viele Blicke auf sich: Sind die Teilintegrierten und Alkoven von Hobby mit Ford-Transit-Chassis als Gebrauchte ein guter Kauf?

Text Ulrich Kohstall
Fotos Ulrich Kohstall, Archiv

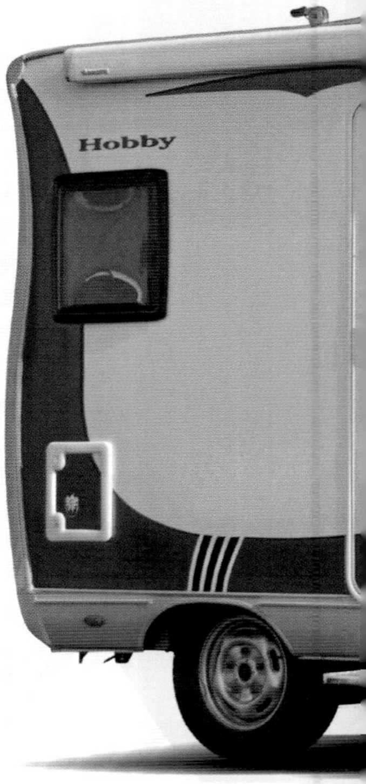

Duschwanne: *Wie bei allen älteren Wohnmobilen müsst ihr beim Sanitärraumboden ganz genau hinsehen. Die Duschwanne darf beim Betreten nicht deutlich nachgeben. Ist das große Kunststoffteil rissig geworden, muss es gewechselt werden, um die Dusche benutzen zu können – sonst drohen Feuchtigkeitsschäden an der Bodenplatte.*

Undichtigkeiten: *Der am meisten gefürchtete Aufbauschaden kommt bei Hobby selten vor. Nur in Einzelfällen sind Vans und Teilintegrierte (das Bild zeigt den Alkoven) an der Nahtstelle von Fahrerhausüberbau und Dach betroffen. Das Formteil über dem Fahrerhaus sollte außerdem keine Risse haben.*

Motor: *Deutlich häufiger als bei vergleichbaren Basisfahrzeugen berichten Ford-Transit-Besitzer von defekten Turboladern. Überdurchschnittlich oft kommt es außerdem bei den seit dem Ford-Facelift 2006 gebauten Modellen zu kapitalen Motorschäden – nicht selten bereits bei Laufleistungen unter 100 000 Kilometer.*

Hobby auf Ford Transit

Wasseranlage: *Dass die Frischwasserinstallation in einem Hobby dieser Baujahre immer mal wieder für Ärger sorgt, hat zwei Ursachen: undichte Wasserverteiler und defekte Hähne. Idealerweise checkt ihr die Funktionen bei einem Gebrauchten also mit gefülltem Frischwassertank.*

Sitzposition: *Vor allem bei den frühen Transit-Modellen harmoniert nicht jede Fahrerstatur mit dem Platz im Cockpit. Schuld ist der hoch eingebaute Sitz und die mangelnde Verstellmöglichkeit des Lenkrads. Ihr solltet unbedingt in Ruhe Probesitzen und möglichst auch Probefahren.*

Transit vor Mitte 2006 haben einen langen Schalthebel – kein Problem bei der Bedienung, etwas lästig beim Durchgang.

Kompakte Außenmaße erlaubt die früher noch nicht so gängige Halbdinette. Der Alkovenboden lässt sich hochklappen.

Geht es um die Marke Hobby, denken die meisten Camper an Wohnwagen. Kein Wunder, denn unter den Caravanherstellern gilt das schleswig-holsteinische Unternehmen als Weltmarktführer. Doch angefangen mit dem Hobby 600, haben auch die Wohnmobile aus dem hohen Norden eine lange Tradition. Vom legendären 600er leitet sich auch der eigene Anspruch ab, sich in Sachen Design von der breiten Masse abzuheben. Mit den zur Saison 2005 eingeführten Modellen auf Ford Transit überraschte Hobby mit ungewöhnlicher Optik zu günstigen Preisen. Zunächst sprach man hier von der T-Baureihe, wobei T nicht für Teilintegrierte, sondern für Transit steht; bekannter sind die Modellbezeichnungen Siesta und Van. ■

Daten & Fakten

Hobby T, Siesta, Van (Ford)
Vorgestelltes Modell:
Hobby T 550 AK FS, Ford Transit (125 PS)
Erstzulassung: 9/2005
Kilometerstand laut Händler: 78 000
Außenlänge: 5,74 m
Zulässiges Gesamtgewicht: 3500 kg
Bauweise: Aufbau mit Alu-Außenhaut, Holzverstärkungen und Sperrholz-Unterboden, Isoliermaterial EPS

Das F in der Modellbezeichnung des T 550 AK FS steht für das französische Bett. Daneben befinden sich Bad und Schrank.

Nach rund 15 Jahren sieht dieser Sanitärraum erstaunlich frisch aus. Es ist eine von zahlreichen Badvarianten bei Hobby.

Baureihen & Modelle

Im Sommer 2004 startet Hobby eine Wohnmobiloffensive mit Modellen auf Ford-Basis. Die T-Baureihe vereint je drei Teilintegrierte und Alkoven. Ab Mitte 2006 erhalten sie den Namen Siesta. Zu diesem Zeitpunkt stößt auch der kompakte Van hinzu (Bild). Exclusive-Modelle mit gerundeten Wänden folgen. In der Saison 2013 gehen die Ford-basierten Hobby in ihre letzte Runde, weil der Transit vor einem großen Modellwechsel steht. Zum Schluss bekommt der Teilintegrierte noch ein Hubbett.

Markt & Preise

Schnäppchenjäger haben es in Zeiten hoher Nachfrage auf dem Gebrauchtmobilmarkt zwar nicht leicht, doch die Hobby-Modelle auf Transit-Basis werden noch zu vergleichsweise moderaten Preisen gehandelt. Obwohl es hier um durchweg gut ausgestattete und nicht übermäßig alte Wohnmobile geht, spielt sich das Marktgeschehen im Bereich zwischen 20 000 und 30 000 Euro ab. Während die unverändert zeitgemäßen Vans eher etwas teurer angeboten werden, bekommt man die tendenziell weniger gefragten Alkoven manchmal überraschend günstig. Wer das leidige Thema Motorschäden ausblenden will, sucht am besten nach Modellen, die vor Sommer 2006 gebaut wurden.

Der Kultivierte

Waschraum: *Wie bei vielen vergleichbaren Modellen können auch hier die Duschwannen brüchig und damit undicht werden. Einige Bürstner T haben überdies Risse im Kunststoffwaschbecken.*

Behaglich gestaltete Wohnräume gehören zur Kernkompetenz der Bürstner-T-Modelle. Was sie technisch draufhaben, zeigt sich bei älteren Gebrauchten. Darauf müssen Käufer achten.

Text Ulrich Kohstall
Fotos Ulrich Kohstall, Archiv

Stauraum: *Die gängigsten Grundrisse der T-Modelle sind mit niedrigen, gut zugänglichen Betten versehen. Im Gegenzug steht darunter keine echte Garage zur Verfügung, auch die schmalen Außenklappen eignen sich selten für große Transporte.*

Aufbautür: *Verzogene Türen sorgen an den T-Modellen immer wieder für Ärger. Bei der Fahrzeugbesichtigung lohnt es sich zu kontrollieren, ob die Tür sauber schließt und die Dichtung rundum anliegt.*

Elektrik: *Viele Pannen gehen auf das Konto der Stromversorgung. Beim Check eines Bürstner T gehört ein prüfender Blick auf das Kontrollbord ebenso dazu wie das Ausprobieren der wichtigsten elektrischen Verbraucher.*

Dachluken: *Bürstner setzte schon früh Panoramadächer ein, die angenehm viel Tageslicht in den Wohnraum dringen lassen. Im Lauf der Jahre sind einige der Hebekippdächer jedoch undicht geworden.*

Bürstner T-Modell

Fahrgestell: *Bürstner verbaute das Fiat-Plattformchassis mit Blechboden (hier im Bild) ebenso wie das Alko-Fahrgestell, zu erkennen an der breiteren hinteren Spur. Hier müssen die Drehstabfedern der Hinterachse regelmäßig abgefettet werden.*

Unterboden: *Einige Bürstner T haben mit Undichtigkeiten im Bodenbereich zu kämpfen. Besonders gefährdet: der Spritzbereich der Hinterräder. Wenn sich die Sperrholzplatte von unten weich anfühlt, ist der Schaden schon weit fortgeschritten. Teure Reparaturen sind die Folge.*

Wäre da nicht die inzwischen selten gewordene Dinette, würde man den 15 Jahre alten T 6O2 wohl für jünger halten.

So sehen die meisten Schlafzimmer in einem Bürstner T aus. Der T 6O2 hat am Fußende einen hohen Kühlschrank.

Die Historie der T-Modelle von Bürstner beginnt bereits Ende der 1980er Jahre und dauert bis heute an. An dieser Stelle beschränken wir uns auf die von 1994 bis 2006 gebauten Bürstner T, die auf Basis der zweiten Fiat-Ducato-Generation entstanden. In diesem Zeitraum feierten die Teilintegrierten des badischen Herstellers Verkaufserfolge. Weil man die flache Bauform bei Bürstner schon früh in den Mittelpunkt rückte, konnte man durch eine große Grundrissauswahl punkten. Hinzu kam der Faktor Wohnlichkeit: Während sich anderswo Techniker um die Gestaltung kümmerten, engagierte man bei Bürstner Innendesigner, die der Einrichtung einen besonderen Charme verliehen, der auch heute noch seine Wirkung entfaltet. ■

Daten & Fakten

Bürstner T 602
Erstzulassung: 5/2004
Kilometerstand laut Tacho: 142 000
Preis: ca. 21 000 Euro
Zulässiges Gesamtgewicht: 3400 kg
Basisfahrzeug: Fiat Ducato
Bauweise: Teilintegrierter mit Alu-Außenhaut, Holzfachwerk, EPS-Isolierung

Typisch für die meisten Bürstner T ist die separate Dusche. Eine feste Abtrennung gewährt hier guten Sanitärkomfort.

Das Fach unter dem Bett genügt für die Campingmöbel. Wer Fahrräder transportieren will, braucht einen Heckträger.

Baureihen & Modelle

Ursprünglich basierten alle Bürstner T auf dem Ducato mit angeflanschtem Alko-Chassis (im Bild: ein Modell vor dem Fiat-Facelift Anfang 2002). Zum Modelljahr 2001 kamen günstigere Varianten auf dem Ducato-Flachbodenchassis hinzu. Von da an wuchs die T-Familie immer weiter. Im Sommer 2005 – vor dem großen Fiat-Modellwechsel – stellte Bürstner das Programm noch einmal neu auf: Die einfacheren Modelle wurden zum Marano, die edleren Varianten erhielten den Namen Solano.

Markt & Preise

Zwischen 20 000 und 25 000 Euro sollte man für einen Bürstner T auf Basis der zweiten Fiat-Ducato-Generation einkalkulieren. Der Kilometerstand solcher Exemplare liegt meist um 100 000. Frühe Modelle mit hohen Laufleistungen findet man aber auch schon unter der 20 000-Euro-Schwelle. Wertsteigernd wirkt es sich in jedem Fall aus, wenn der Vorbesitzer einen Rußfilter nachrüsten ließ und das Fahrzeug eine grüne Umweltplakette hat. Tendenziell tauchen die einfacheren Varianten häufiger auf dem Gebrauchtwagenmarkt auf. Neben dem hier gezeigten 602 ist es vor allem der 603, der sich nur im Detail wie einem kleineren Kühlschrank unterscheidet. Auch der Marano ist im Kommen.

Die Trendsetter

Schon in den 199Oer Jahren setzten die Schwestermarken Chausson und Challenger auf Teilintegrierte. Als Gebrauchte sind die flachen Franzosen heute günstig – und auch gut?

Text Ulrich Kohstall
Fotos Ulrich Kohstall, Archiv

Kontrollbord: *Das Panel für die Bordtechnik liefert ohne-hin nur die nötigsten Infos, das jedoch nicht immer zuverlässig. Speziell die Anzeige des Frischwasservorrats macht bei vielen Chausson und Challenger Probleme.*

Kunststoffe: *Nicht ungewöhnlich bei über zehn Jahre alten Wohnmobilen, aber trotzdem erwähnenswert, weil aufwendig zu reparieren, sind Risse und Bruchstellen an Waschbecken und Duschwannen.*

Heizung: *Je nach Modell waren die Teilintegrierten mit einer Gas-Heizung oder einer Diesel-Heizung ausgestattet. Die Diesel-Öfen erweisen sich oft als weniger zuverlässig, auch die grobe Regelung und die lauten Verbrennungsgeräusche können stören.*

Basisfahrzeug: *Chausson und Challenger boten ihre Teilintegrierten mit unterschiedlichen Chassis an. Neben dem gängigen Fiat ist auch der Ford Transit weit verbreitet. Er verwöhnt durch mehr Federungskomfort, hat aber eine gewöhnungsbedürftige Sitzposition. Einige Modelle basieren auf dem Transit mit Heckantrieb. Nur Transit mit Facelift ab Baujahr 2006 sind ungewöhnlich oft von Motorschäden betroffen.*

Dichtigkeit: *Wie bei vielen älteren Wohnmobilen kommt es vor, dass Feuchtigkeit an Fenstern, Dachhauben und Klappen eindringt. Dachkanten und Heck gehören bei Chausson und Challenger außerdem zu den kritischen Stellen. Dazu sollte man den Unterboden im Blick behalten, dessen Außenkanten nicht immer zuverlässig abgedichtet sind.*

Aufbauaußenhaut: *Frühe Modelle kleiden sich in Alu, spätere in GfK. An Metalldächern kommt es manchmal zu Alufraß, also Korrosion. Die Kunststoffaußenhaut kann vergilben, was harmlos ist – im Gegensatz zu feinen Rissen, die sich an den Ecken von großen Wandausschnitten wie Fenstern bilden.*

Chausson Challenger

Korrosion: *Weil Chausson und Challenger bei den Teilintegrierten vor allem auf Plattformrahmen setzten, besteht der Unterboden oft aus Blech. Notwendige Ausschnitte etwa für den Einstieg wurden nicht immer ausreichend gegen Rost geschützt. Auch dem Ford-Fahrerhaus mangelt es an Korrosionsschutz.*

Polster: *Speziell bei den damals günstigen Modellen wurde offenbar an der Qualität der Sitzpolster gespart. Sie sind recht weich und wirken wie durchgesessen. In manchen Exemplaren fallen zudem verblichene und abgewetzte Stoffe auf. Austausch ist möglich.*

Robust und pflegeleicht ist das Transit-Fahrerhaus. Bezüge mit Wohnraumstoff waren beim Flash damals nicht dabei.

Der Pflegezustand zählt: Nach zehn Jahren in erster Hand sieht dieser Chausson innen praktisch wie neu aus.

Als man in Deutschland noch Alkovenmobile bevorzugte, hatte man in Frankreich schon die Teilintegrierten entdeckt. So ist es kein Wunder, dass der französische Trigano-Konzern mit seinen Marken Chausson und Challenger bald die flache Bauweise bevorzugte. Entsprechend häufig findet man die Franzosen heute, wenn man nach gebrauchten Teilintegrierten um 20 000 Euro sucht. An dieser Stelle geht es vor allem um die zwischen 1994 und 2006 gebauten Modelle. Chausson und Challenger können dabei getrost zusammengefasst werden, denn sie unterscheiden sich nur durch Dekore, Polsterstoffe – und Vertriebsweg. Stärker verbreitet sind bei uns Chausson, die bis heute über die Importagentur Koch zu uns kommen. ■

Daten & Fakten

Chausson Flash 02
Erstzulassung: 6/2006
Kilometerstand laut Tacho: 70 500
Preis: ca. 21 000 Euro
Zulässiges Gesamtgewicht: 3500 kg
Basisfahrzeug: Ford Transit
Bauweise: Teilintegrierter mit GfK-Außenhaut, Holzfachwerk, EPS-Isolierung

Angesichts einer Außenlänge von nur 5,74 Meter ist der Stauraum des Chausson Flash O2 durchaus passabel.

Zum Schutz der Duschwanne hat der Vorbesitzer eine Matte eingelegt. Ein kritischer Blick darunter gehört zum Check.

Baureihen & Modelle

Gar nicht leicht, den Überblick zu behalten: Bis zum Fiat- und Ford-Modellwechsel 2006 boten Chausson und Challenger (Bild) eine fast unüberschaubare Vielfalt an Teilintegrierten. Neben Fiat und Ford (mit Front- oder Heckantrieb) kamen als Basis auch Mercedes Sprinter und Renault Master zum Einsatz. Während der Flash bei Chausson ab 2005 die Rolle des Einstiegsmodells übernahm, bildete der Welcome das Rückgrat des Importprogramms. Als edler gelten Odyssee und Allegro.

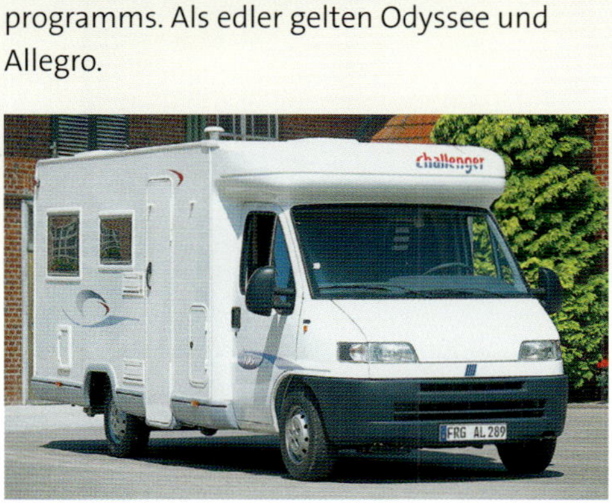

Markt & Preise

Ab etwa 15 000 Euro ist man dabei. Die frühen Teilintegrierten der französischen Schwestermarken werden recht günstig angeboten. Oft handelt es sich bei solchen Schnäppchen um besonders kompakte Ausführungen und Modelle mit etwas schwächlichen Motoren unter 100 PS. Für zeitgemäßere Ausführungen sollte man besser ein Budget zwischen 20 000 und 25 000 Euro einplanen. Typisch ist für die meisten Modelle ein festes Längsbett im Heck. Auf jeden Fall sollten Käufer darauf achten, dass erst kürzlich eine fachgerechte Dichtigkeitsinspektion durchgeführt wurde. Denn mit einem Wasserschaden gerät das sonst gute Preis-Leistungs-Verhältnis schnell in Schieflage.

Der große Elegante

Heckgarage: *Der große Heckstauraum gehört zweifellos zu den Stärken des Sun-Liner. Es gibt ihn aber nur bei den Grundrissen mit einem G am Ende der Modellbezeichnung. Im Bodenbereich sollten Käufer auf mögliche Undichtigkeiten achten.*

Mindestens 14 Jahre alt sind die Modelle der hier vorgestellten Sun-Liner-Generation von Knaus. Als Gebrauchte wirken sie heute dennoch recht modern und haben sich insgesamt gut gehalten.

Text Ulrich Kohstall
Fotos Ulrich Kohstall, Archiv

Fahrwerk: *Je nach Gewichtsverteilung des Grundrisses kommen die vorderen Federn an ihre Belastungsgrenze und können so nur noch mäßigen Fahrkomfort bieten. Oft können nachrüstbare Federn helfen. Die größeren Varianten verlangen für eine ausreichende Zuladung außerdem ein Gesamtgewicht oberhalb der 3,5-Tonnen-Grenze.*

Geräuschkulisse: *In Sachen Motorlärmdämmung konnte der Integrierte von Knaus keine Maßstäbe setzen. Klappergeräusche tragen bei manchen Modellen außerdem zu einem erhöhten Innengeräuschpegel bei. Eine gute Radioanlage kann da nicht schaden.*

Fahrerhaus: *Die große, vergleichsweise schräg gestellte Frontscheibe verhilft zu bestem Ausblick auf allen Plätzen. Wegen der unvermeidlichen Aufheizung im Sommer sollte man daher einen Sun-Liner mit der – damals aufpreispflichtigen – Klimaanlage im Fahrerhaus vorziehen. Funktionstest nicht vergessen.*

Knaus Sun-Liner

Bodenplatte: *Für die damals neue Sun-Liner-Generation konzipierte Knaus einen innovativen Doppelboden mit aufgeräumter Technik und praktischen Staufächern. Bei einigen Exemplaren knarzt inzwischen die zentrale Innenplatte beim Darüberlaufen.*

Elektrik: *Ziemlich häufig kommt es zu Defekten an der Bordelektrik des Sun-Liner. Es lohnt sich daher, die wichtigsten Funktionen vor dem Kauf gründlich zu überprüfen und wenn nötig eine Fachwerkstatt zu befragen.*

Wie aus einem Guss wirkt das gesamte Innendesign. Die integrierte Bauweise verschafft Bewegungsfreiheit.

Lange L-förmige Sitzbank mit Ein-Säulen-Tischfuß – der Sun-Liner 658 LG war seiner Zeit ein gutes Stück voraus.

Während sich Hymer schon früh im Segment der integrierten Wohnmobile etabliert hatte, übernahm Knaus viele Jahre lang die Rolle des kreativen Angreifers. War es zunächst der extravagante Travel-Liner, der Respekt abverlangte, ersetzte ihn Knaus 2003 durch den etwas konventionelleren und eleganter gezeichneten Sun-Liner. Der bayerische Hersteller hatte Erfahrungen im Bau von Integrierten gesammelt, was sich in einer verbesserten Qualität bemerkbar machte. Gleichzeitig versuchte Knaus, automobile Ansprüche zu erfüllen. Viele Kunststoffteile im Bug sorgen dafür, dass sich der Fahrer nicht so sehr – wie damals üblich – in einem rollenden Wohnzimmer fühlt, sondern mehr in einem geräumigen Auto. ■

Daten & Fakten

Knaus Sun-Liner (2003–2006)
Vorgestelltes Modell: Sun-Liner 658 LG, Fiat Ducato (128 PS) mit Alko-Tiefrahmen,
Erstzulassung: 5/2006
Kilometerstand laut Händler: 167700
Außenlänge: 6,83 Meter
Zulässiges Gesamtgewicht: 3850 kg
Bauweise: Integrierter mit Alu-Außenhaut, Holzverstärkungen, EPS-Isolierung, Unterboden aus Sperrholz und Siebdruckplatten.

Das 1,40 Meter breite Hubbett kann sehr weit abgesenkt werden. Die Kopffreiheit erreicht so locker Sitzhöhe.

Typisch Knaus ist die halbrunde Duschabtrennung. Die vielen Kunststoffteile erweisen sich üblicherweise als robust.

Baureihen & Modelle

Mitte 2003 startete Knaus die Produktion des Sun-Liner. Auf Fiat-Basis mit angeflanschtem Alko-Rahmen entstanden sechs verschiedene Grundrisse. Zur Saison 2005 legte Knaus nach und präsentierte den Sun-Liner 800 LEG mit drei Achsen und über acht Meter Länge als neues Flaggschiff (Bild). Er hat Einzelbetten im Heck. Bereits Mitte 2006 endete jedoch die Karriere dieser Sun-Liner-Generation. Grund dafür war der Modellwechsel des Basisfahrzeugs, der eine Neukonstruktion verlangte.

Markt & Preise

Als der Sun-Liner auftauchte, war er vielen Wettbewerbern einen halben Schritt voraus. Entsprechend schnell stiegen die Verkaufszahlen. Deshalb ist der Knaus heute – trotz kurzer Bauzeit – keine Rarität auf dem Gebrauchtwagenmarkt. Die Preisspanne beginnt bei etwa 25 000 Euro. Besonders beliebt ist der 650 LG. Steht statt der 0 eine 5 am Ende des Modellkürzels, handelt es sich um einen 3,5-Tonner; die 8 weist auf das Maxi-Chassis mit 3,85 Tonnen hin. Mit diesem Fahrwerk und gefragten Extras wie der Fahrerhaus-Klimaanlage sowie geringer Laufleistung werden schon einmal über 35 000 Euro fällig. Dafür bekommt man ein immer noch zeitgemäßes Fahrzeugkonzept ohne Allüren.

Der Zuverlässige

Sanitärraum: *Wie bei vielen Wohnmobilen dieser Baujahre können die Kunststoffteile rissig werden. Das betrifft Waschbecken ebenso wie Duschverkleidungen und -bodenwannen. Positiv für alle, die Unabhängigkeit schätzen: Viele Adria haben eine separate Dusche.*

Coral, Stargo oder Izola – die Teilintegrierten aus dem Hause Adria tragen vielerlei Namen. Allen gemeinsam ist eine überdurchschnittliche Qualität sowie eine moderne Einrichtung.

Text Ulrich Kohstall
Fotos Ulrich Kohstall, Archiv

Betten: *Der Großteil unter den gebrauchten Teilintegrierten von Adria ist mit einem Doppellängs- oder -querbett ausgerüstet. Das Längsbett ist zwar besser zugänglich, aber ziemlich schmal. Außerdem fällt der Stauraum viel kleiner aus.*

Aufbaumaterial: *Schon früh setzte Adria GfK als Außenhaut des Aufbaus ein. Wer einen Gebrauchten mit dem robusten Wandmaterial sucht, muss allerdings auf das Baujahr achten: Die vor dem Modelljahr 2001 gebauten Modelle haben eine Alu-Haut.*

Fahrerhaussitze: *Vor allem die frühen Modelle haben eine echte Viererdinette ohne Einbeziehung der vorderen Sessel. Grundrisse mit drehbaren Sitzen nutzen den Raum besser aus, allerdings ist die Handhabung der Drehfunktion umständlich und das Fahrerhaus nur mäßig beheizt.*

Adria Coral

Wasseranlage: *Wenn es zu Feuchtigkeitsschäden in einem Adria kommt, hat das oft mit den Verbindungen in der Wasserinstallation zu tun. Ein gründlicher Check der Schlauchschellen bewahrt vor bösen Überraschungen.*

Basisfahrzeug: *Neben dem Fiat Ducato kommen als Basis für Teilintegrierte von Adria auch der Renault Master und der Mercedes Sprinter in Frage. Hauptargument für den Renault Master ist der kräftige 3,0-Liter-Motor, Pluspunkt des Mercedes Sprinter die häufig eingebaute Automatik.*

Schon früh überlegte man sich bei Adria eine Alternative zum Bugvorhang: ein Frontrollo mit Seitenverdunkelung.

Abgesehen vom dicken TV-Schrank wirkt der Wohnraum im Coral S 680 SP noch zeitgemäß und dazu kaum abgenutzt.

Ein gebrauchter Teilintegrierter soll es sein? So um die 25 000 Euro? Da kommen die Modelle von Adria bis Baujahr 2006 in Frage. Sie basieren noch auf der früheren Generation des Fiat Ducato oder seltener auf Mercedes oder Renault. Befragungen von Besitzern und Redaktionserfahrungen zeigen, dass Adria Coral, Serie 70, Stargo oder Izola aus jenen Jahren auch heute noch eine solide Sache sind. Damals begann der Trend zu Teilintegrierten aber gerade erst, sodass dieses Segment im Gebrauchtmarkt nicht üppig ausfällt. Es lohnt sich, ein paar Euro mehr für ein gepflegtes Exemplar ohne sichtbare Mängel auszugeben: Wenn es nicht um typische Verschleißartikel geht, funktioniert die Teileversorgung oft schleppend. ■

Daten & Fakten

ADRIA cORAL s 680 SP
Erstzulassung: 12/2004
Kilometerstand laut Tacho: 108 000
Preis: ca. 25 000 Euro
Zulässiges Gesamtgewicht: 3500 kg
Basisfahrzeug: Fiat Ducato Maxi 2,8 JTD (128 PS)
Bauweise: Teilintegrierter mit GfK-Außenwänden, EPS-Isolierung, Holzverstärkungen

Wie moderne Teilintegrierte hat der Coral einen großen Kühlschrank und eine Garage, hier zur Hundebox umgebaut.

Auch vor Erfindung des Raumbads gab es vernünftig dimensionierte Sanitärräume, wie der S 680 SP beweist.

Baureihen & Modelle

Ab Modelljahr 2000 kommen die ersten Teilintegrierten aus dem Adria-Werk, zunächst nur mit französischem Bett. Im Jahr darauf sind alternativ Querbetten zu haben. Einzelbetten folgen mit der Saison 2005 im S 660 SL. Zum Modelljahr 2002 führt Adria den Namen Coral ein. Zwei Jahre später kommt die günstigere Serie 70, ebenfalls auf Fiat. Ab Saison 2003 ergänzt der Stargo auf Mercedes Sprinter (Bild) das Angebot, 2005 gibt es mit dem Izola auf Renault Master eine dritte Alternative.

Markt & Preise

Das Angebot an frühen Teilintegrierten von Adria ist überschaubar. Erst als Reimo zur Saison 2001 den Import übernimmt, kommen die Adria-Modelle in zunächst langsam steigenden Stückzahlen auf den deutschen Markt, die sich rasch einen guten Ruf erwerben. Echte Schnäppchen sind unter heutigen Gebrauchten daher fast ausgeschlossen. Abgesehen von wenigen älteren Exemplaren mit französischem Bett spielt sich der Markt oberhalb der 20 000-Euro-Grenze ab. Rund 25 000 Euro sollte man einkalkulieren, um unter den bis 2006 gebauten Modellen eine vernünftige Auswahl zu haben. Für ein gutes Exemplar mit gefragtem Grundriss darf es dann auch einmal ein wenig mehr sein.

Die Begehrten

Sehr günstige Preise machten Sunlight und Carado zu echten Bestsellern. Auch als Gebrauchte bleiben die baugleichen Modelle beliebt. Wie gut sind die Teilintegrierten und Alkoven?

Text Ulrich Kohstall
Fotos Ulrich Kohstall, Archiv

Dichtigkeit: *Eine regelmäßig durchgeführte Dichtigkeitsuntersuchung ist in jedem Fall eine vertrauensbildende Maßnahme für gebrauchte Carado und Sunlight. Bei einigen Modellen dringt Feuchtigkeit am Dachbereich ein. Ursache können Risse im GfK oder am Übergang von Fahrerhaus zum Dach sein.*

Kühlschrank: *Beim Check eines Gebrauchten sollten Käufer nicht nur ausprobieren, ob die Kühlung mit Gas und Strom tatsächlich funktioniert, sondern auch die Kühlschranktür kritisch betrachten. Manchmal ist sie verzogen und lässt sich deshalb nicht mehr richtig verschließen.*

Wasseranlage: *Hier geht es um Kleinigkeiten, die aber nerven können: zum Beispiel undichte Wasserhähne oder eine defekte Tauchpumpe. Die unterflur montierte Ablassvorrichtung für das Grauwasser ist etwas labil ausgeführt und verdient einen kritischen Blick.*

Waschbecken: *Die einfachen Kunststoffe im Bad verspröden mit der Zeit. Waschbecken können rissig und damit auch undicht werden. Das gilt ebenso für die Duschwannen, die einen prüfenden Blick verdienen. Verfärbungen sind in der Regel nur optisch relevant.*

Klimaanlage: *Wie beim Pkw gehört die Klimatisierung in den Fahrerhäusern moderner Wohnmobile zum Standard. Doch nicht immer kommt aber auf Knopfdruck kühle Luft aus den Ausströmern, etwa weil der Klimakompressor ausgewechselt werden muss. Das kann ganz schön teuer werden.*

Carado und Sunlight

Aufbautür: *Auf ganz unterschiedliche Art kann die Tür für Unmut sorgen. Mal ist sie verzogen, mal schließt sie nur schwer, oder sie ist nicht richtig dicht. Auch die Funktion des Türschlosses sollten Käufer überprüfen. Ähnliches gilt für die Garagenklappen.*

Scheinwerfer: *Speziell bei allen vor dem Facelift 2014 gebauten Ducato können die Kunststoffe der Scheinwerfer matt geworden sein. Damit gibt es keine frische TÜV-Plakette. Problematisch ist auch die Undichtigkeit der vorderen Lampen, was bei einigen Modellen vorkommt.*

Während Sunlight – wie hier im T 66 – helle Möbeldekore verwendete, setzte Carado auf dunklere Gediegenheit.

Die Einrichtung wirkt auch nach über zehn Jahren nicht veraltet. An wirklich notwendiger Ausstattung fehlte es nie.

Was nicht drin und dran ist, kann auch nicht kaputtgehen. Nicht zuletzt deshalb bewähren sich Carado und Sunlight als besonders zuverlässige Wohnmobile. Die parallel gebauten Günstigmarken der Erwin-Hymer-Gruppe kamen stets ohne Schnickschnack aus und verzichteten auf eine komplexe Technik. Bewährte Konstruktionen aus dem Hause Dethleffs bildeten die technische Grundlage der frühen Modelle; die Weiterentwicklung ging nur behutsam voran. Eine konservative Konstruktion bedeutet gleichzeitig jedoch Holzlatten und Styropor im Aufbau sowie einen Sperrholzboden. Prinzipiell kann auch diese Kombination ewig halten, doch Undichtigkeiten nehmen diese Materialien übel. Es kommt auf gute Pflege an. ■

Daten & Fakten

Carado und Sunlight
Vorgestelltes Modell: Sunlight T 66 (entspricht Carado T 337); Fiat Ducato Leiterrahmen-Chassis (148 PS)
Erstzulassung: 3/2013
Kilometerstand laut Händler: 28 500
Außenlänge: 6,90 Meter
Zulässiges Gesamtgewicht: 3495 kg
Bauweise: Teilintegrierter mit Alu-Außenhaut und GfK-Dach, Sperrholz-Unterboden, Isoliermaterial EPS

An den Bettenmaßen hat man bei Sunlight nicht gespart. Beide Liegeflächen im T 66 sind 2,00 x 0,80 Meter groß.

Mit abtrennbarer Dusche wirkt der Sanitärraum zeitgemäß. Die Qualität der Kunststoffe lässt aber zu wünschen übrig.

Baureihen & Modelle

Seit 2006 werden beide Marken parallel im sächsischen Neustadt gefertigt – als Teilintegrierte und Alkoven (Bild: Carado A160 von 2009). Im ersten Anlauf diente ausschließlich der Ford Transit als Basisfahrzeug. Mitte 2009 wechselten alle Modelle auf das Fiat-Ducato-Fahrgestell. Gleichzeitig überarbeitete man das Außen- und Innendesign. Die Auswahl wuchs auf neun populäre Grundrisse an. Mit dem stetig wachsenden Erfolg kamen 2017 auch Integrierte und Campingbusse ins Angebot.

Markt & Preise

Bei den Neufahrzeugen lagen die Zulassungen der Schwestermarken auf fast identisch hohem Niveau, weshalb Carado und Sunlight als Gebrauchte in ähnlich großen Stückzahlen anzutreffen sind. Während die Popularität der Neuen stets auch auf das gute Preis-Leistungs-Verhältnis zurückzuführen ist, lässt sich das bei Gebrauchten nicht unbedingt erkennen. Nur die frühen Ford-Modelle finden sich unter der 30 000-Euro-Schwelle. Für die Suche nach Fiat-basierten Teilintegrierten sollte man mindestens 40 000 Euro bereitlegen. Die starke Nachfrage wirkt sich auf die Preise aus. Zur Erinnerung: Der hier gezeigte T 66 stand als Neuwagen Anfang 2013 mit einem Grundpreis von 39 599 Euro in der Liste.

Bunt und gesund

Wasserhähne: *In Küche und Bad halten die Hähne meist nicht lange durch. Nicht sofort zu sehen, aber gerade deshalb problematisch: ein undichter Anschluss des Wasserhahns. Hier kann Feuchtigkeit unbemerkt in Möbel und Aufbaukonstruktion gelangen.*

Der kompakte Globebus von Dethleffs nervt seine Besitzer manchmal mit Kleinigkeiten. Wenn es darauf ankommt, zeigt er sich aber als solide, etwa bei der Dichtigkeit seines Aufbaus.

Text Ulrich Kohstall
Fotos Ulrich Kohstall, Archiv

Tür und Klappen: *Mit verzogenen und schlecht schließenden Aufbautüren muss man beim Globebus rechnen. Wenn eine Nachjustierung vom Fachmann nicht wirklich hilft, ist der Austausch der simplen Tür kaum zu vermeiden. Das gilt in ähnlicher Form für Außenklappen, die schwergängig und undicht werden können.*

Nebengeräusche: *Speziell bei den integrierten Globebus berichten Besitzer von einem erhöhten Innengeräuschpegel beim Fahren; aber auch bei den Teilintegrierten nerven manchmal Klappergeräusche, die nicht leicht zu lokalisieren sind.*

Basisfahrzeug: *Von seinem Neustart im Jahr 2006 an erweist sich der Fiat Ducato als im Kern sehr robust. Häufiger auftretende Probleme sind eher lästige Kleinigkeiten wie Wassereinbruch im Motorraum, gelöste Schläuche am Turbolader und defekte Abgasrückführungsventile. Beim Globebus T kommt es zudem vereinzelt zu Spannungsrissen an der Windschutzscheibe.*

Dethleffs Globebus

Verarbeitung: *Zierleisten und Umleimer, die sich ablösen, lockere Möbelscharniere, Probleme mit Badschiebetüren, herausfallende Schrauben – die Liste ärgerlicher Kleinigkeiten ist lang. Handwerkliches Geschick kann Globebus-Besitzern nicht schaden.*

Kunststoffteile: *Ein Klassiker unter den Wohnmobilmängeln, der nicht nur uralte Fahrzeuge betrifft: Oft verfärbt sich das Waschbecken unschön. Risse können die Duschwanne unbrauchbar machen. Bei Undichtigkeiten hilft nur der Austausch.*

Bis Mitte 2012 war das Fiat-Armaturenbrett zweifarbig. Frühe Modelle dieser Generation haben oft keinen Beifahrer-Airbag.

Der seltene T3 mit Hecksitzgruppe ist weniger gefragt als die Varianten mit festen Betten und mehr Staukapazität.

Schmale und kurze Teilintegrierte sind eine Spezialität von Dethleffs. Den Globebus gab es schon vor dem großen Fiat-Modellwechsel im Jahr 2006. Auf diesen Seiten geht es um die danach gebaute, modernere Globebus-Generation, die mit stetigen Verbesserungen bis heute gebaut wird. Inzwischen ist der Dethleffs zum Edel-Kompakten gereift. Vor rund 15 Jahren versprühte der Globebus mit teils bunten Dekoren eine lässige Fröhlichkeit. Er zählte damals auch zu den günstigen Angeboten, was man vielen An- und Einbauteilen heute anmerken kann. Wichtiger für Gebrauchtfahrzeugkäufer ist jedoch, dass der Globebus-Aufbau deutlich seltener von Undichtigkeiten betroffen ist als andere Modelle dieser Baujahre. ■

Daten & Fakten

Dethleffs Globebus (ab 2006)
Vorgestelltes Modell: Dethleffs Globebus T3; Fiat Ducato Plattform-Chassis (130 PS),
Erstzulassung: 4/2008
Kilometerstand laut Händler: 147 500
Außenlänge 5,98 Meter
Zulässiges Gesamtgewicht: 3499 kg
Bauweise: Teilintegrierter/Integrierter mit Alu-Außenhaut, Blech-Unterboden, Isoliermaterial EPS

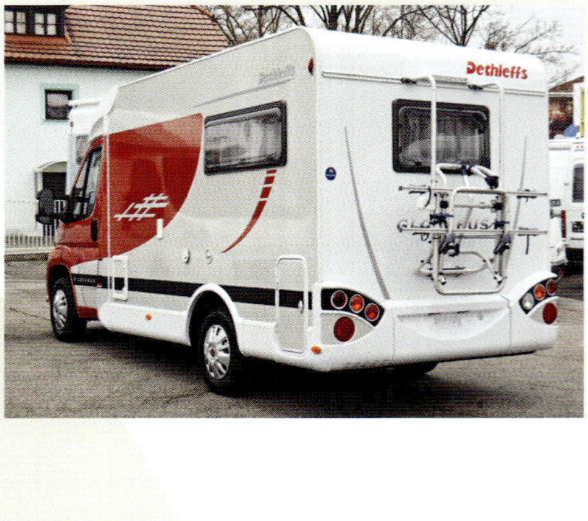

Erstaunlich, wie geräumig das Wohnzimmer auf nur sechs Meter Außenlänge sein kann. Kehrseite ist der Bettenbau.

Verfärbte Kunststoffe sind im Bad nicht ungewöhnlich. Zum Duschen schwenken Spiegel und Waschbecken über das WC.

Baureihen & Modelle

Mit der Premiere des neuen Fiat Ducato im Sommer 2006 erweiterte Dethleffs das Globebus-Programm um Integrierte. Die I-Modelle übernahmen den nur 2,15 Meter breiten Aufbau von ihren T-Geschwistern. Hier wie dort steht die Zahl 1 in der Typenbezeichnung für ein Querbett, die 2 für ein französisches Bett und die 3 für eine umbaubare Hecksitzgruppe. Zur Saison 2008 kam die Einzelbettenausführung I/T 4 hinzu. 2016 erfolgte ein größerer Modellwechsel für alle Globebus-Modelle.

Markt & Preise

Wie praktisch alle gebrauchten Wohnmobile ist auch der Dethleffs Globebus von deutlichen Preissteigerungen aufgrund der hohen Nachfrage betroffen. Es ist aktuell nicht einfach, einen nach 2006 gebauten Globebus unter 40 000 Euro zu finden. Günstigere Exemplare haben oft hohe Laufleistungen von über 150 000 Kilometern auf dem Tacho. Schließlich lädt der Kompakte mehr zum Reisen als zum Wohnen ein. Integrierte und Teilintegrierte sind ähnlich häufig auf dem Gebrauchtmarkt vertreten, wobei die Preisunterschiede überschaubar sind und die I-Modelle den Vorteil des Hubbetts im Bug mitbringen. Mit ihnen kann man deshalb auch einen Urlaub zu viert planen.

Der Bestseller

Sanitärraum: *Die vielen großen Kunststoffteile im Bad erfüllen nicht immer die hochgesteckten Erwartungen. Weiße Flächen vergilben, an Waschbecken und Duschwanne bilden sich mit höherem Alter häufig Risse.*

Erfolgsmodelle von gestern sind die gängigen Gebrauchten von heute – das gilt auch für die populäre Hymer B-Klasse. Der einst kostspielige Integrierte wird zum erschwinglichen Angebot.

Text Ulrich Kohstall
Fotos Ulrich Kohstall, Archiv

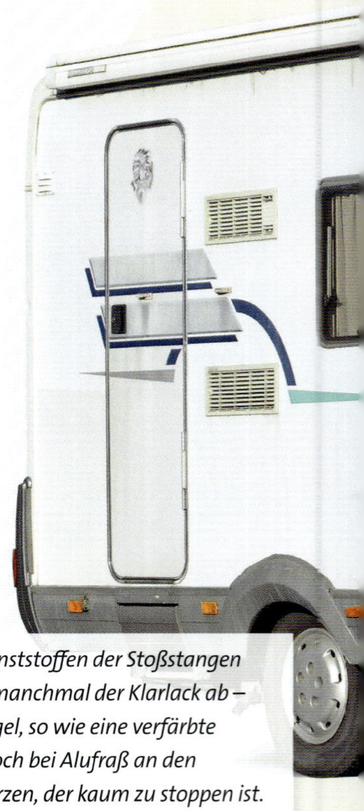

Anbauteile: *An den Kunststoffen der Stoßstangen und Radläufe blättert manchmal der Klarlack ab – ein rein optischer Mangel, so wie eine verfärbte GfK-Front. Vorsicht jedoch bei Alufraß an den metallenen Seitenschürzen, der kaum zu stoppen ist.*

Wasseranlage: *Ein echtes Verschleißteil ist die auch ohne Werkstatt leicht zu wechselnde Tauchpumpe. Schwieriger gestaltet sich der Austausch der Wasserhähne, die ebenfalls nicht selten wegen defekter Schalter oder Undichtigkeiten ausfallen.*

Hubbett: *Hymer gilt als Erfinder des absenkbaren Betts im Bug. Eigentlich genial, aber damals wenig ausgereift. In vielen B-Klassen nervt das Hubbett wegen Klappern beim Fahren. Beim Liegen stören Knarzgeräusche und die dünne Matratze.*

Klimaanlage: *Obwohl es hinter der großen Frontscheibe im Sommer ziemlich heiß werden kann, haben nicht alle älteren B-Klasse-Modelle eine Klimaanlage im Fahrerhaus. Falls vorhanden: unbedingt vor dem Kauf die Funktion überprüfen.*

Hymer B-Klasse

Frontpartie: *Wegen der großen Öffnungen am Bug kommt es immer wieder zu Kühlerschäden durch Steinschlag. Sehr knapp bemessen ist dagegen der Zugang zu den Leuchtmitteln, die regelmäßigem Verschleiß unterliegen. Streikt ein Scheinwerfer, fährt man für den Lampenwechsel besser gleich zu einer Fachwerkstatt.*

Chassis: *Bei längeren und gut ausgestatteten 3,5-Tonnern wird es mit der Zuladung selbst für Paare eng. Manchmal störend: eine unausgewogene Federung und die knappe Bodenfreiheit der Doppelbodenmodelle.*

Ab Sommer 1997 setzte Hymer eine Faltverdunkelung am Bug ein. Sie ist sehr praktisch, aber manchmal etwas störrisch.

Bar-Grundriss nannte man die Aufteilung des B 584, die ein tolles Raumgefühl vermittelt. Die Bank wird zum Zusatzbett.

Als wichtigstes Modell der Marke Hymer ist die B-Klasse nicht irgendeine Baureihe. Sie ist ein ganzes Universum von Modellen, weshalb es hier nur um die zwischen 1994 bis 2006 gebauten Varianten geht. Die B-Klasse war in dieser Zeit außerdem ein Innovationsträger der Marke. Auch ein 20 Jahre altes Modell vermittelt oft in Sachen Optik und Ausstattung noch einen zeitgemäßen Eindruck. Die Aufbautechnik hebt sich mit einer durchgehenden PU-Isolierung vom Gros damaliger Wohnmobile ab, wo meist ein Holzgerippe die tragende Struktur bildet. Der Boden besteht allerdings auch bei der damaligen B-Klasse aus Holz, weshalb – glücklicherweise seltene – Undichtigkeiten auch hier zu größeren Schäden führen können. ■

Daten & Fakten

Hymer B-Klasse (1994–2006)
Vorgestelltes Modell: Hymer B 584, Fiat Ducato (115 PS)
Baujahr: 2/1998
Kilometerstand laut Händler: 137 500
Außenlänge: 6,06 m
Zulässiges Gesamtgewicht: 3500 kg
Bauweise: Integrierter mit Aluminium-Außenhaut und PU-Schaum-Isolierung, ab Mitte 2000: doppelter Boden (außer B-Classic und Starline)

Hauptliegefläche in einigen Grundrissen: das Hubbett. Es ist einfach bedienbar, aber nicht so bequem wie feste Betten.

Das Bad wirkt gut durchdacht und rundum modern, doch die verwendeten Kunststoffe dürften etwas solider sein.

Baureihen & Modelle

Eine große Bandbreite bieten die B-Klassen, die während der Laufzeit der zweiten Fiat-Ducato-Generation gebaut wurden. Ab 1996 stößt außerdem die Starline-Variante auf Mercedes Sprinter dazu (Bild). Ein Jahr später bekommt die B-Klasse das typische Vier-Augen-Gesicht. Das vorherige Modell ohne sichtbaren Kühlergrill lebt als B-Classic weiter und bekommt erst 2002 Rundscheinwerfer. Die reguläre B-Klasse auf Fiat hat ab Sommer 2000 ein Tiefrahmenchassis mit praktischen Bodenfächern.

Markt & Preise

Auch wenn Wohnmobile von Hymer als sehr preisstabil gelten, ist ein günstiger Einstieg in eine B-Klasse möglich. Die von 1994 bis 1997 gebauten Varianten basieren auf dem neueren Fiat Ducato, sind aber schon unter 15 000 Euro zu haben. Wer bis 20 000 Euro ausgeben will, bekommt bereits eine B-Klasse im hier gezeigten Look. Tendenziell erschwinglicher: Varianten wie der B 544 mit großer Sitzgruppe. Eher teurer: Modelle mit großer Garage. Für kurz vor dem Modellwechsel 2006 gebaute und deshalb besonders ausgereifte B-Klassen werden meist deutlich mehr als 30 000 Euro fällig. So oder so ist das Angebot groß – mit Ausnahme der Starline-Modelle auf Mercedes.

Der kleine Große

Wasseranlage: *Während Eura Mobil solide Armaturen eingebaut hat, ist es eher die übrige Installation, die einen kritischen Blick verdient: An den Anschlüssen, den Verbindungen der Kunststoffrohre und Wasserverteiler solltet ihr auf Undichtigkeiten achten.*

Technik der Luxusklasse in kompakterer Form und zu moderaten Preisen: Dieses Rezept verhalf den frühen Integra von Eura Mobil zum Erfolg. Wie gut sind sie als Gebrauchte nach über 15 Jahren?

Text Ulrich Kohstall
Fotos Ulrich Kohstall, Archiv

Aufbautüren: *Rechnet man das Fahrerhaus mit, hat ein Eura Mobil Integra immerhin bis zu drei Türen an seinem Aufbau. Alle drei sollten sauber schließen, was nicht immer der Fall ist. Manchmal sind die Türen verzogen und halten deshalb nicht mehr zuverlässig dicht. Ärger machen oft auch defekte Türschlösser, was leicht zu überprüfen ist.*

Außenoptik: *Nicht wirklich schlimm, aber unschön ist die sichtbare Alterung des Aufbaus. Frontmaske und Wände haben manchmal nicht mehr die gleiche Farbe, Klebedekor wird rissig und der Klarlack auf den großen grauen Anbauteilen löst sich großflächig ab.*

Undichtigkeiten: *Feuchtigkeit ist ein Schwachpunkt vieler Integra. Vor allem im Dachbereich kann es zu Wasserschäden kommen. Betroffen sind aber ebenso die übrigen Aufbaukanten, Fenster, Dachhauben, Windschutzscheibenrahmen und vordere Radkästen. Eine professionelle Dichtigkeitsprüfung beim Händler bewahrt vor Überraschungen.*

Eura Mobil Integra

Getriebe: *Typisch für die Fiat Ducato jener Jahre sind Probleme mit dem fünften Gang, der sich nicht richtig einlegen lässt oder plötzlich herausspringt. Eine ausführliche Probefahrt kann hier Klarheit bringen. Besonders die schweren Ausführungen des Integra leiden außerdem vermehrt unter hohem Kupplungsverschleiß.*

Leuchtweitenregulierung: *Diese Funktion bleibt im Alltag meist unbeachtet, kann aber Ärger nach sich ziehen. Bei einigen Integra streikt die Höhenverstellung der Frontscheinwerfer, was spätestens bei der nächsten Hauptuntersuchung auffällt und dann unbedingt repariert werden muss.*

Um das Fiat-Armaturenbrett baut sich eine Kunststofflandschaft auf. Darin steckt das Bedienteil für eine Fahrerhausheizung.

Geradezu feudal sind die Platzverhältnisse im 635 LS. Die Bank ist auch ein Einzelbett, hinzu kommt das Hubbett im Bug.

Viele Jahre lang galt Eura Mobil als reiner Alkovenhersteller – bis Ende 1995 die ersten Integrierten beim Hersteller aus Rheinhessen auftauchten. Die Integra genannten Modelle fielen durch gehobene Technik auf. Sie hatten einen doppelten Boden mit großen Wassertanks und nicht zuletzt dadurch gute Wintereigenschaften. Ungewöhnlich schien damals wie heute die Ausstattung mit zwei Türen im Fahrerhaus. Hinzu kamen Oberklasseattribute wie massive Hölzer an den Möbeln und der Mercedes Sprinter als Basisalternative. Preislich blieben die Integra lange der Mittelklasse verbunden. Ebenso wenig fehlte es an kompakteren Modellen, wie der hier gezeigte Integra 635 LS mit nur sechseinhalb Meter Länge zeigt. ■

Daten & Fakten

EURA MOBIL INTEGRA (BIS 2006)
Vorgestelltes Modell: Eura Mobil Integra 635 LS, Fiat Ducato mit Alko-Tiefrahmen (128 PS)
Erstzulassung: 2/2003
Kilometerstand laut Händler: 132 200
Außenlänge: 6,58 m
Zulässiges Gesamtgewicht: 4000 kg
Bauweise: Aufbau mit GfK-Außenhaut, Holzverstärkungen und Sperrholz-Unterboden, Isoliermaterial EPS und XPS

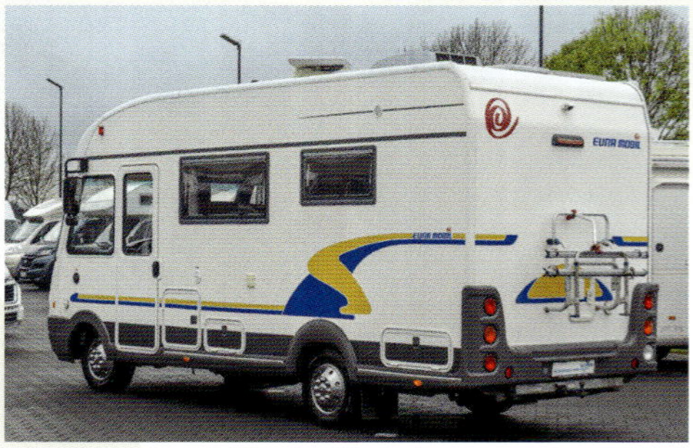

Gerahmte Möbelklappen und dunkle Oberflächen wirken etwas barock, machen aber tatsächlich auch einen soliden Eindruck.

Sogar am Waschtisch setzte Eura Mobil in einigen Modelljahren echte Hölzer ein. Eine separate Dusche gehört ebenfalls dazu.

Baureihen & Modelle

Die ersten Integra erkennt man an den Original-Scheinwerfern des damaligen Fiat Ducato (Bild). Nach dem großen Facelift zum Modelljahr 2001 bekamen alle Integra eine stärker gewölbte Windschutzscheibe und Doppelscheinwerfer, die man auch von der früheren BMW-5er-Reihe kennt (großes Bild). Die längsten Varianten basieren auf dem Fiat-Alko-Chassis mit Tandemachse. Wegen ihres hohen Eigengewichts überschreiten aber auch die kompakteren Varianten die 3,5-Tonnen-Grenze.

Markt & Preise

Trotz vieler Merkmale der Oberklasse erweisen sich die Integrierten von Eura Mobil als bodenständige Angebote. Schon für unter 20 000 Euro kann man vor der Jahrtausendwende produzierte Modelle finden. Die meisten gebrauchten Integra stammen jedoch aus der Ära nach dem großen Facelift Mitte 2000. Hier klappt es mit dem Einstieg ab etwa 25 000 Euro. Wie so oft werden Grundrisse mit großen Garagen und Einzelbetten höher bewertet. Günstiger bekommt man kompakte Modelle wie den 635 LS. Fast alle Integra basieren auf dem Fiat Ducato. Bei den Varianten auf Mercedes Sprinter handelt es sich um rare Exoten. Ein Pluspunkt ist so oder so die meist umfangreiche Ausstattung.

Der Sympathieträger

Rundliche Formen, freundliche Farben – der Bürstner Delfin weckt auch als Gebrauchter spontan Sympathien. Wir haben uns den Teilintegrierten auf Renault-Master-Basis näher angesehen.

Text Ulrich Kohstall
Fotos Ulrich Kohstall, Archiv

Zuladung: *Viele Delfin messen sieben Meter und mehr in der Länge, sind aber als 3,5-Tonner zugelassen. Die Konsequenz: sehr geringe Zuladungswerte – speziell bei opulent ausgestatteten Modellen. Im Zweifelsfall solltet ihr einen Bürstner Delfin vor dem Kauf wiegen lassen.*

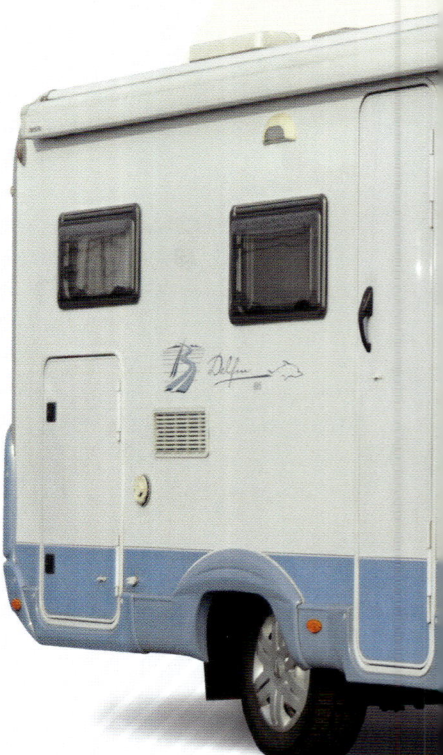

Aufbautür: *Typisch für viele Wohnmobile dieser Baujahre sind Defekte an der Tür. Da macht der Delfin leider keine Ausnahme. Manchmal ist sie stark verzogen und schließt nicht mehr richtig. Das gilt ebenso für große Außenklappen. In Einzelfällen kommt es zu Alufraß an der Aufbautür, was auf Dauer einen Austausch erfordert.*

Elektrik: *Das aufwendige Kontrollpanel, das alle wichtigen Funktionen im Wohnbereich steuert, macht immer wieder Ärger. Also unbedingt ausprobieren, ob sich die Füllstände problemlos ablesen lassen und sich beispielsweise auch die Wasserpumpe einschalten lässt.*

Lackierung: *Einige optische Besonderheiten tragen zum Reiz der Delfin-Modelle bei. Nicht alles hat sich über die Jahre gut gehalten. Da gibt es verblichene Aufkleber oder mangelhaft lackierte Hauben über dem Fahrerhausdach. Kein Drama, aber eben auch kein Fall für Perfektionisten.*

Bürstner Delfin

Umweltplakette: *Wer auf eine grüne Plakette angewiesen ist, sollte gleich beim Kauf darauf achten. Ältere Modelle bekommen meist nur den gelben Sticker. Für einzelne Motorvarianten des Renault sind keine Umrüstmöglichkeiten lieferbar.*

Antrieb: *Während die Diesel-Motoren des Renault Master robust sind, schwächeln Getriebe und Kupplung manchmal frühzeitig. Eine Probefahrt klärt, ob die Kupplung richtig zupackt und es bei der Synchronisierung der Gänge nicht hakt.*

Das Fahrerhaus des damaligen Renault sieht noch zeitgemäß aus. Gebrauchsspuren sind an diesem Modell kaum zu sehen.

Typisch Renault Master ist die Handbremse rechts neben dem Fahrersitz, typisch Bürstner die elegante Innenausstattung.

Eine besondere Konstellation führt oft auch zu besonderen Wohnmobilen: Vor fast 20 Jahren fürchteten die Hersteller den anstehenden Modellwechsel des Fiat Ducato und mögliche Lieferengpässe. Renault hatte seinen Master dagegen gerade überarbeitet – eine naheliegende Lösung, die Bürstner zum Delfin inspirierte. Das frische Design kam gut an, und der Renault tauchte kurze Zeit später zunehmend als Basisfahrzeug auf. Doch nach dem Fiat-Modellwechsel kehrte ihm Bürstner wie viele andere Hersteller schnell wieder den Rücken. Was bleibt, sind einige Gebrauchte, die deutlich jünger wirken, als sie es tatsächlich sind. Abgesehen von der Elektrik ist die Technik dagegen eher konventionell – mit allen Vor- und Nachteilen. ■

Daten & Fakten

Bürstner Delfin
Vorgestelltes Modell: Bürstner Delfin t 695, Renault Master Plattform-Chassis (136 PS)
Erstzulassung: 9/2006
Kilometerstand laut Händler: 79 750
Außenlänge: 7,18 m
Zulässiges Gesamtgewicht: 3500 kg
Bauweise: Teilintegrierter, Aufbau mit Alu-Außenhaut, Holzverstärkungen und Sperrholz-Unterboden, Isoliermaterial EPS

Oberhalb der schlichten Tür ist die anfällige E-Control untergebracht. Für den Bettzugang gibt's eine Klapptreppe.

An Wohnlichkeit fehlt es dem Bad nicht, eher an der Qualität der verwendeten Kunststoffe, die brüchig werden können.

Baureihen & Modelle

Auf dem Caravan-Salon 2003 überrascht Bürstner mit dem ersten Delfin, den es zunächst nur mit einem Längsdoppelbett als t 680 gibt. Nach dem erfolgreichen Start wird die Baureihe rasch erweitert. Ein Jahr später kommt der Delfin Performance (Bild) in drei Grundrissvarianten hinzu. Er basiert auf einem Alko-Tiefrahmen, hat einen doppelten Boden und optische Verfeinerungen. Mitte 2007 endet die Produktion des Delfin. Erst seit 2020 gibt es einen Nachfolger auf Basis des Citroën Jumper.

Markt & Preise

Wegen der kurzen Produktionszeit tummeln sich nicht viele Delfin-Modelle auf dem Markt der Gebrauchten. Aufschläge durch Seltenheitswert müssen Käufer dennoch nicht befürchten. Ab etwa 30 000 Euro erhält man einen gebrauchten Delfin. Mit etwas Glück bekommt man ihn sogar günstiger als ein vergleichbares Modell mit Fiat-Fahrgestell. Den weniger bekannten, aber nicht weniger zuverlässigen Renault haben viele Käufer offenbar nicht so recht im Blick. Auf die Preise drückt aber auch die Tatsache, dass die damals gängigen Delfin-Grundrisse mit französischem Bett nicht mehr die beliebtesten sind. Die Performance-Modelle mit Doppelboden werden generell teurer gehandelt.

Der Hubbett-Pionier

Hubbett: *Speziell bei frühen Exemplaren streikt schon einmal die Arretierung. Das Hubbett senkt sich dann während der Fahrt. Nachbesserungen der Werkstätten haben nicht immer dauerhaften Erfolg. Einige Besitzer bemängeln außerdem die Geräuschbildung auf unebenen Straßen. Zudem kann der gesamte Mechanismus sehr schwergängig sein. Unbedingt ausprobieren.*

Der Ixeo hat die Teilintegrierten mit Hubbett populär gemacht. Als Bestseller von Bürstner ist er auch auf dem Gebrauchtmarkt häufiger vertreten und wird gerne genommen. Ein guter Kauf?

Text Ulrich Kohstall
Fotos Ulrich Kohstall, Archiv

Aufbaudichtigkeit: *Ein prüfender Blick auf den Nachweis von Dichtigkeitsuntersuchungen sollte nicht fehlen. Heckwand und Dachkanten sind bei manchen Exemplaren von Feuchtigkeitsproblemen betroffen. Durch die typische Dachwölbung des Ixeo läuft Regenwasser nicht immer gut ab und kann sich bei spröde gewordenen Abdichtungen seinen Weg in die Wandkonstruktion suchen. Auch die Silikonnähte am Übergang von Fahrerhaus zum Aufbau sollten in Ordnung sein.*

Außenklappen: *Eine ganze Reihe von möglichen Defekten geht auf das Konto der Klappen und manchmal auch der Aufbautür. Aufsteller können reißen, Verschlüsse und Scharniere machen Ärger, und mit der Abdichtung klappt es auch nicht immer. Teuer wird es, wenn die Außenklappen von Alufraß betroffen sind und ersetzt werden müssen.*

Skyroof: *Drei Dinge fallen am Dachfenster über dem Fahrerhaus in einigen Fällen negativ auf: Starke Windgeräusche schon bei Landstraßentempo, Undichtigkeiten und defekte Verdunkelungen. Das Faltrollo ist nicht nur wichtig für die nächtliche Abschottung, sondern auch als Sonnenschutz beim Fahren.*

Bürstner Ixeo

Duschwanne: *Ein unschöner Klassiker unter den Wohnmobildefekten betrifft auch den Ixeo. Die Duschwanne bekommt zunächst sehr feine Risse und muss dann ersetzt werden, um Undichtigkeiten zu verhindern. Je nach Grundriss kann eine Reparatur aufwendig sein und vierstellige Summen erfordern. Harmlos sind dagegen Verfärbungen des Kunststoffs.*

Innenboden: *Es ist zwar eher ein optischer Mangel, trägt aber nicht gerade zum Wohlgefühl bei: Bei einigen Ixeo wirft der eigentlich verklebte Kunststoffbelag auf dem Boden Wellen oder bildet einzelne Beulen. Unabhängig davon werden auch Knarzgeräusche beim Betreten moniert. Das kann ein gutes Argument in Preisverhandlungen sein.*

Das absenkbare Bett macht den Ixeo sehr vielseitig nutzbar. In Funktion blockiert es jedoch Sitzgruppe und Ausstieg.

Als Teilintegrierter für vier empfiehlt sich der 710 G nicht zuletzt wegen seiner großen Sitzgruppe mit Seitenbank.

Ein Stolperer zu Beginn hat seiner Karriere nicht geschadet. Unter dem Namen Quadro erblickte der Bürstner das Licht der Welt. Nur kurz darauf musste man ihn umbenennen. Audi monierte eine zu große Ähnlichkeit zur Bezeichnung Quattro. Also wurde der Teilintegrierte kurzerhand zum Ixeo und avancierte schnell zum Bestseller von Bürstner. Kein Wunder: Ein absenkbares Bett über der Sitzgruppe in einem Großserienmodell war vor 15 Jahren eine Sensation. Plötzlich wurden Teilintegrierte familientauglich. Erste Hubbett-Erfahrungen sammelte Bürstner zuvor mit dem seltenen Megavan auf Renault, der wohl zu früh erschien. Der Ixeo basiert auf dem Fiat, nur wenige neuere Varianten nutzen auch den Citroën. ■

Daten & Fakten

Bürstner Ixeo (Quadro)
Vorgestelltes Modell: Bürstner Ixeo IT 710 G; Fiat Ducato Flachrahmen-Chassis (130 PS)
Erstzulassung: 12/2010
Kilometerstand laut Händler: 98 200
Außenlänge: 7,14 Meter
Zulässiges Gesamtgewicht: 3500 kg
Bauweise: Teilintegrierter mit Alu-Außenhaut, Sperrholz-Unterboden, Isoliermaterial EPS/XPS

Die aparten Polsterstoffe haben über zehn Jahre im Einsatz gut überstanden. In der hochfahrbaren Armlehne steckt ein TV.

Über stabile Stufen erklimmt man im 710 G das Querbett.

Hier machen die Kunststoffe im Bad einen guten Eindruck.

Baureihen & Modelle

Im Januar 2008 feiert der Hubbett-Bürstner seine Premiere. Zunächst stehen nur Längs- und Querbett zur Wahl. Dann geht es mit neuen Varianten Schlag auf Schlag: 2009 kommt die noblere Ausführung Ixeo Plus hinzu. Als Abrundung nach unten folgt der Ixeo Time, der am kantigen Fahrerhausüberbau zu erkennen ist. Bei den kurzen Time-Modellen ist das Hubbett auch das Hauptbett (Bild: IT 585 von 2012). Zudem taucht 2015 ein Ixeo mit Längs-Hubbett auf, später der Integrierte Ixeo I.

Markt & Preise

Wer bei der Recherche vor allem den Preis im Blick hat, sucht am besten nach einem Quadro, denn dabei handelt es sich um die frühesten und günstigsten Modelle der Baureihe. In diesem Fall kann man mit Angeboten unter 40 000 Euro rechnen. Ähnlich günstig sind lediglich frühe Ixeo Time ohne festes Heckbett. Davon abgesehen spielt sich der Ixeo-Markt vor allem um 50 000 Euro ab. Modelle mit Querbett werden etwas günstiger gehandelt als die beliebten Einzelbetten. Für die nach dem Fiat-Facelift 2014 produzierten Modelle ist generell ein Preisaufschlag fällig. Bedingt durch die unverändert hohe Nachfrage werden für neuere Ixeo auch Preise über 60 000 Euro aufgerufen.

Bezahlbarer Luxus

Vor 25 Jahren revolutionierte Niesmann + Bischoff mit dem Flair die gehobene Wohnmobilklasse. Heute bekommt man die Luxusliner der 1990er Jahre schon um 20 000 Euro. Ein guter Kauf?

Text Ulrich Kohstall
Fotos Ulrich Kohstall, Archiv

Sanitärraum: *Wie bei vielen einfacher gebauten Wohnmobilen machen auch hier die Kunststoffteile Probleme. Duschwannen und Waschbecken werden rissig und undicht, besonders rund um den Abfluss.*

Heizung: *Alle Flair-Modelle bieten den Komfort einer Warmwasserheizung von Alde. Am komplexen System kommt es jedoch zu Ausfällen und Undichtigkeiten, nicht zuletzt durch Alterung der Wasserschläuche.*

Heckgarage: *Das riesige Ladeabteil des Flair ist ein dicker Pluspunkt. Durch Undichtigkeiten an den Klappen, aber auch Radkästen dringt oft Wasser in die hölzerne Bodenplatte der Garage. Wenn es dort modert, ist eine teure Sanierung fällig.*

Kühlschrank: *Schon früh setzte Niesmann + Bischoff auf eine bequeme Kühlung mit automatischer Energiewahl zwischen Strom und Gas. Doch erst bei späteren Modellen wurde die AES genannte Steuerung wirklich zuverlässig.*

Tür und Fenster: *Bei einigen Modellen hat sich die Tür verzogen und lässt sich nur mit viel Kraft öffnen. Auch die ausfahrbaren Trittstufen – wichtig wegen des hohen Einstiegs – streiken hin und wieder. Von guter Qualität sind dagegen die soliden Fenster mit Kunststoffrahmen.*

Bugverglasung: *Der Glaspalast verlangt im Sommer eine Klimaanlage im Cockpit, die früher nicht serienmäßig war und bei älteren Modellen schon einmal streikt. Um die Frontscheibe und an den seitlichen Fahrerhausfenstern kommt es öfter zu Dichtigkeitsproblemen.*

Niesmann + Bischoff Flair i

Fahrgestell: *Bei den üblicherweise auf dem Fiat Ducato basierenden Modellen ist die Zuladung an der Vorderachse knapp. In einigen Fällen löst sich außerdem die Verbindung von Aufbau und Triebkopf. Zwischen Armaturenbrettverlängerung und Bugmaske darf kein sichtbarer Spalt sein.*

Antrieb: *Frühe Flair müssen mit 115 PS auskommen – nach heutigen Maßstäben zu wenig für ein Luxusmobil. Die hohe Belastung der Basis äußert sich außerdem durch defekte Antriebswellen, Traggelenke oder eine verschlissene Kupplung. Überdies lässt der Motorzugang zu wünschen übrig.*

Auch viele integrierte Flair haben eine klassische Dinette. Bei diesem Exemplar wurden die Polster neu bezogen.

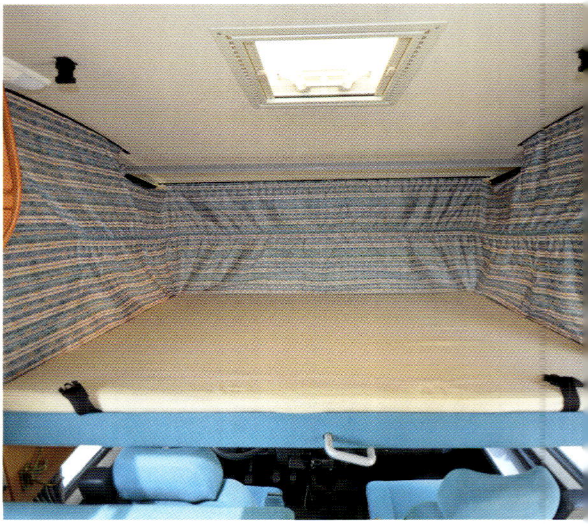

90 Zentimeter Kopffreiheit machen aus dem Hubbett einen vollwertigen Schlafplatz – mit dünner Matratze.

Als Erfinder des Clou Liner schrieb Niesmann + Bischoff Wohnmobilhistorie. Zweiter Coup war der Flair: Obwohl auf dem üblichen Fiat-Fahrgestell aufgebaut, vereint er typische Merkmale der Luxusklasse. Sein Aufbau kommt ohne tragende Holzelemente aus, die Bordtechnik steckt gut verpackt in einem doppelten Boden, und der Wohnraum wird von einer Warmwasserheizung temperiert. Weil der Flair – insbesondere wie hier zu sehen als Integrierter – außerdem eine zeitlose Form mitbringt und auch innen auf Barock verzichtet, wirkt er auch heute noch attraktiv. Gebrauchtwagenkäufer profitieren von einer überdurchschnittlichen Materialqualität, müssen aber auf einige Tücken der komplexeren Technik achten. ■

Daten & Fakten

Niesmann + Bischoff Flair 6700 i TA
Erstzulassung: 5/1997
Kilometerstand laut Tacho: 116 500
Preis: 24 000 Euro
Zulässiges Gesamtgewicht: 4500 kg
Basisfahrzeug: Fiat Ducato, Alko-Tiefrahmen
Bauweise: Integrierter mit Alu-Außenhaut und XPS-Isolierung

Mit Ladetunnel im Doppelboden und der gut zugänglichen Garage ist der Flair wie geschaffen für sperrige Dinge.

Ein Rollladen verdunkelt und isoliert die riesige Scheibe. Dagegen sieht das Konzept keine fahrerseitige Tür vor.

Baureihen & Modelle

Noch auf Basis der ersten Fiat-Ducato-Generation stellte Niesmann + Bischoff den Flair vor – zunächst als Alkoven. Am Markt setzte er sich ab 1994 als Integrierter auf Basis des neueren Ducato durch. Parallel tauchte 1995 der einfachere Flair Life ohne Doppelboden auf. Zur Saison 2000 überarbeitete Niesmann + Bischoff den Flair tiefgreifend (Bild). Für die größeren Varianten kam dann auch der Iveco Daily und später der Mercedes Sprinter mit sechs Tonnen Gesamtgewicht als Basis zum Einsatz.

Markt & Preise

Rund 150 000 Mark kostete das hier abgebildete Modell einschließlich typischer Extras einst als Neuwagen. Aktuell muss man dafür gut 20 000 Euro einkalkulieren. Mit diesem Budget bekommt man eine größere Auswahl, wobei das sieben Meter lange Modell 6700 mit Dinette oder Längssofa und Einzelsitz besonders häufig vertreten ist. Frühe Flair-Alkovenmodelle stehen bereits unter 20 000 Euro beim Händler. Auch der Flair Life wird günstiger gehandelt. In dieser Preislage sind Kilometerstände um 200 000 so oder so keine Seltenheit. Ab etwa 30 000 Euro beginnt der Einstieg in die zweite, ab 2000 gebaute Flair-Generation, die in vielen Details deutlich an Reife zugelegt hatte.

Frischer Fischer

Im August 2019 kauften Lars und seine Frau Dagmar einen T4-Camper mit einem Ausbau von Fischer. Knapp vier Jahre später ist der VW fit für die Ewigkeit, und die beiden sind, auch beziehungstechnisch, um viele Erfahrungen reicher.

Text Klaus Finkenburg **Fotos** Fact/Joachim Schahl, Archiv (2)

VW T4 Fischer Magnum B

Eckdaten: *Reihenfünfzylinder, 2461 cm³, 102 PS, 2440 kg, 155 km/h, Baujahr 2002*

Preis: *ca. 35 000 Euro (guter Zustand)*

Charakter: *Einigermaßen komplett ausgestatteter Campingbus, kompakte Maße, kräftiger Direkteinspritzer-Diesel, trotz Hochdach gute Alltagstauglichkeit*

2,80 Meter Höhe erreicht der T4 mit GfK-Dach, das optisch gut angepasst ist.

Eigentlich wäre absehbar gewesen, was passieren würde. Aus unserer Sicht sowieso, weil es bei Restaurierungen immer wieder so läuft. Aber auch für Lars Ehrmann, weil er sich mit dem Thema auskennt und sich mit halben Sachen ungern zufriedengibt. Und dann ist da noch seine Frau, die Kabarettistin Dagmar Schönleber. Mit der Wellenlänge scheint es bei den beiden jedenfalls zu klappen, sie erwiesen sich als gutes Team. Doch von Anfang an: Nachdem Lars und Dagmar positive erste Erfahrungen mit einem gemieteten Wohnmobil gemacht hatten, beschlossen sie, ein eigenes Exemplar anzuschaffen.

»Wir hatten dabei diese Freiheit und Flexibilität im Kopf, die ich von T3-Bullis kannte, von denen ich im Laufe der Jahre diverse besessen hatte«, so Lars. Zu alt sollte ihr Camper aber nicht sein. »Ich hatte früher mal beruflich alte Engländer restauriert«, erläutert Lars, »und reichlich Erfahrungen mit ausufernden Restaurierungen.«

Dass man schließlich beim T4 landete, war naheliegend. »Wir wollten einen eher kompakten Camper«, erzählt der 50-jährige Fahrzeugtechnik-Ingenieur, »aber mit mehr Platz und wegen der Langstreckentauglichkeit auch mit mehr Motorleistung als ein T3.« Ein T4 mit Hochdach und langem Radstand sollte es werden, in die engere

Wahl kamen schließlich die seltenen Camper vom schwäbischen Hersteller Fischer Mobile Reutlingen (mittlerweile in Neuhausen auf den Fildern), hinten nicht mit Ausstattung zu sehr zugebaut, sondern mit klappbarer Sitzbank, etwas höher als ein normaler T4 mit Hochdach, zu fahren fast wie ein Pkw. Es dauert etwas, bis ein attraktives Angebot gefunden ist, das Auto ist aus erster Hand und steht auf der Schwäbischen Alb. Einziger Wermutstropfen: »Der T4 hatte an der Seite einen Unfallschaden«, erzählt Lars, »und er war im Winter mit Salz in Berührung gekommen, da die Vorbesitzerin regelmäßig ihre Kinder damit zur Schule gebracht hatte.« Preis und Zustand stimmen, man wird handelseinig, und schon bald sammeln Lars und Dagmar erste Erfahrungen mit ihrem eigenen Camper. »Wir haben ihn im Rahmen eines Griechenland-Urlaubs gründlich ausprobiert«, erinnert sich Lars, »alles war super, Handling, Leistung, Verbrauch, sogar das Offroad-Verhalten mit dem Frontantriebsfahrwerk. Im Laufe der folgenden Wochen sind mir dann aber immer mehr Stellen aufgefallen, wo irgendwann mal etwas an dem Bus gemacht werden musste.«

Lars schätzt die Lage ab und klärt seine Frau auf: Man könne die Dinge pragmatisch angehen und das Wohnmobil als Lebensabschnittsgefährt sehen, das man nach ein paar Jahren abstößt. Man könne es aber auch gründlich aufarbeiten – auf die Gefahr hin, irgendwann ein Tal der Tränen durchschreiten zu müssen. »›Allein mache ich das dann aber nicht‹, habe ich ihr gesagt«, erinnert sich Lars, »›das wird viel Arbeit und Nerven kosten. Wenn, dann machen wir das gemeinsam.‹« Dagmar ist dabei, und wie immer treten viel mehr Baustellen zutage, als am Anfang abzusehen ist. Allein das partielle Entfernen des originalen PU-Unterbodenschutzes erweist sich als echte Sisyphusarbeit. In mühsamer Kleinarbeit arbeiten sich die beiden voran, machen selbst vor Hohlräumen nicht halt, legen überlappende Bleche frei und entrosten alles, um es anschließend wieder zuzubiegen oder zu verschweißen und, teilweise mit Mike-Sanders-Korrosionsschutzfett, teilweise mit Dinitrol, zu konservieren. »Da hatten wir dann unser Tal der Tränen«, stellt Lars zurückblickend fest und fügt hinzu, was auch als Warnung für allzu naive Nachahmer gelten darf: »Wie viel Korrosion sich im Verborgenen an einem Auto finden kann, das eigentlich noch recht gut dasteht, hat mich wirklich überrascht.«

Noch bevor abschließend der Unterboden mehrmals lackiert und alles wieder zusammen-

Der Innenraum präsentiert sich sehr gepflegt, das Bedienteil für den Allradantrieb wurde nachgerüstet.

Oberhalb der Liegefläche im Dach ermöglicht eine große Luke die effiziente Belüftung und Rundumblick.

gebaut wird, fällt die Entscheidung, den Antriebsstrang auf Syncro-Technik, größere Bremsen und Räder umzubauen. Entsprechend wird der Motor durch einen gleich starken TDI Typ AXL ersetzt, ein gedrosseltes 151-PS-Aggregat, mit dem der Camper im Gegensatz zum eingebauten ACV-Motor eine grüne Umweltplakette erhält. Zu guter Letzt baut Lars noch mit Unterstützung durch Matthias Niermann die Bordelektrik auf ein modernes Lithium-Akku- und Solarsystem um.

Über drei Jahre nach Beginn der Arbeiten ist alles wieder zusammengebaut und darf sich auf einer Probefahrt in den Ardennen bewähren, zwar mit einer Panne, einem Defekt am ABS-Steuergerät, aber ansonsten zur vollen Zufriedenheit. Im Sommer 2023 folgt dann ein Korsika-Urlaub zusammen mit Freunden, bei dem sich der T4 auch auf Offroad-Strecken bewährt. Weit über 2000 Stunden Arbeit stecken in dem T4. Doch es gibt wichtigere Dinge: »Nachhaltiger geht's nicht«, findet Lars, das Auto wird uns hoffentlich auf ewig erhalten bleiben. Es war auch von Anfang an klar und einer der Gründe, dieses Projekt gerade jetzt anzugehen, dass ich mir diese Arbeit in 15 oder 20 Jahren nicht noch mal antun würde.« Was auch aus einem anderen Grund schwieriger wäre, so Lars: »Die Ersatzteilversorgung seitens VW hat sich allein in der Zeit der Restaurierung massiv verschlechtert. Ich spekuliere aber auf eine rührige Szene ähnlich jener der alten Bulli-Baureihen und des Käfers.«

Das Ergebnis der Arbeit kann sich sehen lassen, auch die Zusammenarbeit zwischen Lars und seiner weniger automobilaffinen Frau klappte weitgehend reibungslos. So legte Dagmar bei der schier endlos scheinenden Reinigung des Unterbodens einen bewundernswerten Stoizismus an den Tag. Lars war weniger geduldig und eilte in Gedanken immer schon ein paar Schritte weiter, etwa um sich mit Feinheiten des endgültigen Designs oder technischen Optimierungen zu beschäftigen.

Wie auch immer: Nicht nur dem seltenen T4-Camper, auch der Beziehung taten die teilweise schweren Zeiten gut. »Gemeinsam solche Erfahrungen zu machen ist besser als jede Paartherapie«, findet Lars und lacht.

Dank Umrüstung auf einen moderneren Fünfzylinder-TDI erhält der VW T4 eine grüne Plakette und darf Umweltzonen befahren. Die Gesamtkosten für Fahrzeug und Restaurierung summieren sich auf über 40 000 Euro.

Der lange T4-Radstand verschafft dem Fischer Magnum B mehr Platz für die Sitzgruppe.

Nach Demontage des Kotflügels fanden sich darunter feuchte Laubmassen im Zustand fortgeschrittener Kompostierung.

Die maroden Bereiche wurden herausgetrennt und anschließend originale Reparaturbleche angepasst und eingeschweißt.

Der einsame Star

Er ist eine Ausnahmeerscheinung unter den Campingbussen: Ab 1995 entstand die zweite Generation des James Cook in Kooperation von Mercedes und Westfalia. Wie gut ist er heute?

Text Ulrich Kohstall
Fotos Ulrich Kohstall, Archiv

Fahrverhalten: *Das riesige GfK-Dach sorgt nicht nur für ein gemütliches Bett, sondern auch für einen hohen Schwerpunkt und eine große Angriffsfläche für Seitenwind. Beim James Cook paart sich ein schaukeliges Kurvenverhalten mit einer indirekten Lenkung. Daran muss man sich erst gewöhnen. Im Lauf der Jahre hat Mercedes das Fahrwerk immer wieder verbessert.*

Fenster: *Sie tragen zum schicken Erscheinungsbild bei, fallen aber auch durch mangelnde Dichtigkeit auf. Das gilt für die Seitenfenster ebenso wie für die Dachhauben. Neuere Modelle haben hier ein elektrisch fernbedienbares Hebekippdach, das häufig Ärger macht.*

Wasseranlage: *In diesem Punkt wird die Westfalia-Qualität ihrem guten Ruf nicht gerecht: Wasserhähne und Tauchpumpen fallen öfter aus, der Frischwassertank kann undicht werden, und die Füllstandsanzeige versagt ebenfalls manchmal ihren Dienst.*

Duschwanne: *Vor diesem typischen Problem in älteren Wohnmobilbädern ist auch der James Cook nicht sicher: Manchmal reißen nur die Silikonnähte rund um die Duschwanne, oft muss aber das komplette Teil getauscht werden, weil sich Risse gebildet haben. Ersatz ist inzwischen aber schwer zu bekommen.*

Ersatzteile: *Um ein Wohnmobil aus einem Guss zu bauen, verzichtete Westfalia weitgehend auf Standardkomponenten. Das macht es heute schwer, passende Ersatzteile zu finden. Umso wichtiger ist daher ein guter Erhaltungszustand.*

Karosserie: *Die Rostprobleme der ersten Sprinter-Generation sind bekannt. Besonders betroffen: Türen, Radläufe, Schweller und Scheibenrahmen. Ihr solltet ebenfalls auf die Nahtstelle zwischen Blechkarosse und Kunststoffdach achten. Hier sind Undichtigkeiten möglich.*

Mercedes James Cook

Heizung: *Der dieselbetriebene Ofen zickt bei vielen James Cook. Oft ist eine komplette Überholung der Heizungsbauteile fällig, was mit beträchtlichen Reparaturkosten einhergeht. Also unbedingt vorher checken.*

Scheinwerfer: *Nach dem Facelift im Frühjahr 2000 bestehen die Lampen aus Kunststoff. Hier müsst ihr darauf achten, ob sie stark ermattet sind. Das wird bei der Hauptuntersuchung nicht akzeptiert und zieht oft einen teuren Austausch nach sich.*

Der Wohnraum scheidet die Geister: Was die Fans lieben, kritisieren andere als nüchtern und wenig gemütlich.

Mehr Arbeitsfläche als in vielen größeren Wohnmobilen hat die Küche. Dahinter: Kleiderschrank und Sanitärraum.

Dem britischen Seefahrer James Cook wird eine gehörige Portion Eigensinn nachgesagt. Auf das gleichnamige Mercedes-Modell trifft das ebenfalls zu. 1995 präsentierte man zusammen mit Westfalia einen großen Campingbus, der sich radikal von vorhandenen Konzepten absetzte. Das gesamte Design folgte vom Dach bis zur Innenverkleidung automobilen Ansprüchen. Mit Holzkisten im Kastenwagen hatte das nichts mehr zu tun. Anders als sonst üblich gab es für den James Cook nur einen einzigen – durchaus ungewöhnlichen – Grundriss, ein Möbeldekor und eine Polsterfarbe. Damit ließen sich zwar nicht alle Geschmäcker glücklich machen, doch ergibt sich durch diese Sonderstellung auch ein ganz besonderer Reiz. ■

Daten & Fakten

Mercedes James Cook 313 CDI
Erstzulassung: 7/2000
Kilometerstand laut Tacho: 129 800
Preis: 26 900 Euro
Zulässiges Gesamtgewicht: 3500 kg
Basisfahrzeug: Mercedes Sprinter
Bauweise: Kastenwagen mit GfK-Hochdach

Das Ausfalten des Betts und der Aufstieg sind mit etwas Routine kein Problem. Die Platzverhältnisse sind okay.

Mit dem Facelift im Jahr 2000 wanderte der Schalthebel in das komplett erneuerte Armaturenbrett. Gut so.

Baureihen & Modelle

Fast gleichzeitig mit dem Start des ersten Sprinter erschien 1995 auf dieser Basis die zweite Generation des James Cook. Beliebtester Motor wurde der Fünfzylinder mit 122 PS, sodass meist 312 D am Kühlergrill steht. Im Frühjahr 2000 erhielt der Sprinter ein großes Facelift und ein schickeres Armaturenbrett. Der neue Fünfzylinder leistete 156 PS, doch auch der 129-PS-Vierzylinder entpuppte sich als Alternative. 2003 überarbeitete Westfalia den Innenraum. Oben im Bild: ein James Cook von 2005 – kurz vor dem nächsten Sprinter-Modellwechsel.

Markt & Preise

In den Anfangsjahren setzte Mercedes rund 250 James Cook pro Jahr ab, später waren es kaum mehr die Hälfte. Es ist also eher der langen Bauzeit zu verdanken, dass der Gebrauchtmarkt eine größere Auswahl bereithält. Wer Reparaturrisiken nach mehr als 200 000 gefahrenen Kilometern nicht scheut, kann günstig einsteigen. Für weniger als 15 000 Euro entdeckt man Exemplare aus frühen Baujahren. Für mehr als 20 000 Euro bekommt man ein facegeliftetes Modell. Sucht man nach einem jungen James Cook mit wenig Kilometern und großem Motor, werden oft über 30 000 Euro fällig. Zu Recht sehr beliebt: die Automatik. Nicht empfehlenswert: das anfällige Sprintshift-Getriebe.

Zugpferd & Campingbus

Ein gebrauchter VW Bus ist der Traum vieler Camper. Nachdem für den T4 inzwischen Liebhaberpreise gezahlt werden, rückt der T5 in den Fokus – ein Erfolgstyp, der so seine Schwächen hat.

Text Paul Krüger **Fotos** Archiv

Die T5-Baureihe folgte im März 2003 auf den beliebten und erfolgreichen VW T4. Komfort und Ausstattung näherten sich weiter dem Pkw-Standard an, jedoch plagten den T5 bis zur Modellpflege im Oktober 2009 (zum Modelljahr 2010) zahlreiche Kinderkrankheiten, die für acht Rückrufe in sechs Jahren verantwortlich waren. Nachgebessert wurde unter anderem an Lenkgetriebe, Kühlerlüfter, Dieseltandempumpe, Handbremse und Kraftstoffleitung. Nach dem Facelift betraf es Motorhaubenschloss, Erdgastank und noch einmal die Benzinleitung. Kaufinteressenten sollten darauf achten, dass die entsprechenden Arbeiten auch durchgeführt wurden.

Bevor man sich ein Fahrzeug anschaut, sollten T5-Interessenten klären, wofür sie ihren VW brauchen und welches Modell mit welcher Ausstattung dafür am geeignetsten ist. Der Variantenreichtum ist enorm und die Gefahr von Fehlgriffen entsprechend hoch. Zunächst einmal gibt es vier Modellreihen: den kargen Transporter, die komfortablere Caravelle, den Multivan mit Pkw-Ausstattung und den VW-eigenen Campingbus California, der heute sehr gesucht und teuer ist. Vorsicht: Nicht jeder T5-Camper, der als California angeboten wird, ist auch einer. Bei Caravelle, Multivan und California standen darüber hinaus gleich mehrere Ausstattungslinien (Startline, Trendline, Comfortline, Highline) zur Wahl, die teils von Jahr zu Jahr variierten und nicht immer für alle Modelle erhältlich waren. Hinzu kommen zwei Radstände (3,0 Meter und 3,4 Meter), zwei bis neun Sitze, optionales Hoch- oder Aufstelldach, eine zusätzliche linke Schiebetür (Serie ab Comfortline) sowie die Wahl zwischen einer zweiflügeligen Hecktür und einer großen Klappe. Ein guter Kompromiss zwischen Alltag und Urlaub ist der 2006 eingeführte Multivan Beach (ab 2008 California Beach) mit Aufstelldach und Schlafsitzbank, aber ohne Möbel, der sich für Reisen gut mit modularen Boxen bestücken lässt. Und dann gab es da noch diverse Sondermodelle wie Biker, Ocean oder Atlantis. Jetzt noch für eine von zwölf Motorvarianten entscheiden, und los geht's!

Die Karosserie besitzt beim T5 erstmals aus einem Stück gepresste Seitenwände. Sichtbare Karosserienähte wie beim T4 fallen somit als Rostherde weg. Trotzdem bietet auch der T5 der Korrosion genug Angriffsfläche. Die Radläufe blühen ebenso auf wie die Schienen der Schiebetüren, die Bereiche um die Türgriffe sowie die Heckklappe am unteren Falz, um die Kunststoffleiste über dem Nummernschild, am Scheibenrahmen oder am Griff.

Hin und wieder trifft es auch den Rahmen der Windschutzscheibe, insbesondere wenn die schützende Lackschicht durch Steinschläge beschädigt wurde. Dann kann auch die Motorhaube rosten. Ebenfalls schon vorgekommen, wenn auch sehr ungewöhnlich: Rost in den Regenrinnen auf dem Dach. Immerhin: Korrosion in TÜV-relevanten Karosseriebereichen ist im Gegensatz zum T4 eher selten.

Da der Unterboden ab Werk ungleichmäßig mit Schutzlack behandelt ist, kann der T5 in schlecht geschützten Bereichen ebenfalls gammeln – unbedingt alle tragenden Teile auf Rost prüfen. Viele Verkäufer spielen Korrosionsschäden mit dem Satz »Das ist nur Flugrost« herunter. Fakt ist: Wenn sich das braune Zeug nicht mit einem Lappen wegwischen lässt, ist es Rost. Punkt.

Ab Herbst 2009 war der T5 auch mit Siebengang-DSG erhältlich. Es ärgert teils mit Ausfällen der Steuerung.

Da fast alle T5-Motoren eine Schwachstelle haben, ist eine gute (und gut dokumentierte) Wartung wichtig.

Die Bremsen leiden unter dem hohen Fahrzeuggewicht. Etwa alle 100 000 Kilometer sind die Scheiben fällig.

Rost ist nicht nur an der Karosserie älterer T5 ein Thema, er befällt auch die Federn, und die können brechen.

Bei gut ausgestatteten California oder Multivan solltet ihr unbedingt alle Elektronik-Extras ausprobieren. Spätere Reparaturen sind kostspielig.

Bis zu drei Tonnen wiegt ein T5 mit Campingausstattung. Das belastet Traggelenke und Fahrwerksbuchsen entsprechend. Sie sind deshalb auf Spiel zu prüfen.

T5-Motoren

2.0 (AXA) Benzin, 1984 cm³, R4,
155 PS bei 5200/min, 170 Nm bei 2700/min
V6 3.2 (BKK) Benzin, 3189 cm³, VR6,
235 PS bei 6200/min, 315 Nm bei 2950/min
1.9 TDI (AXC) Diesel, 1896 cm³, R4,
86 PS bei 3500/min, 200 Nm bei 2000/min
1.9 TDI (AXB) Diesel, 1896 cm³, R4,
105 PS bei 3500/min, 250 Nm bei 2000/min
2.5 TDI (AXD) Diesel, 2461 cm³, R5,
130 PS bei 3500/min, 340 Nm bei 2000/min
2.5 TDI (AXE) Diesel, 2461 cm³, R5,
174 PS bei 3500/min, 400 Nm bei 2000/min
2.0 TSI (CJKB) Benzin, 1984 cm³, R4,
150 PS bei 6000/min, 280 Nm bei 1500/min
2.0 TSI (CJKA) Benzin, 1984 cm³, R4,
204 PS bei 6000/min, 350 Nm bei 1500/min
2.0 TDI (CAAA) Diesel, 1968 cm³, R4,
84 PS bei 3500/min, 220 Nm bei 1250/min
2.0 TDI (CAAB) Diesel, 1968 cm³, R4,
102 PS bei 3500/min, 250 Nm bei 1500/min
2.0 TDI (CAAC) Diesel, 1968 cm³, R4,
140 PS bei 3500/min, 340 Nm bei 1750/min
2.0 BiTDI (CFCA) Diesel, 1968 cm³, R4,
180 PS bei 3500/min, 400 Nm bei 1500/min

Knirscht der betroffene Bereich jedoch noch nicht beim Draufdrücken und klingt es beim Klopfen noch nicht dumpf, ist das Blech auch noch nicht geschwächt. Solcher Oberflächenrost lässt sich meist noch mit Rostumwandler behandeln und anschließend versiegeln. Ein weiteres typisches T5-Leiden der frühen Jahre sind Undichtigkeiten. Die Schiebefenster in der zweiten Sitzreihe lassen gerne Wasser eindringen, ebenso wie die Rückleuchten. Es sammelt sich dann, mangels Ablauf, in den D-Säulen, wo es fröhlich schwappt.

Die Motoren des T5 sind ebenfalls nicht frei von Mängeln. Fast alle Triebwerke haben mindestens eine konstruktive Schwäche, die ihnen – wenn man sie nicht regelmäßig überprüft – früher oder später den Garaus machen kann. Der Pflege- und Wartungszustand des Motors sollte daher unbedingt kaufentscheidend sein.

Der bis 2013 angebotene Zweiliter-Saugbenziner mit der Motorkennung AXA ist noch der unproblematischste Antrieb. Kein Wunder, schließlich stammt er in direkter Linie vom legendären »Langpleuel-Motor« EA827 ab, der bis heute in Fan-Kreisen als bester (wassergekühlter) VW-Motor überhaupt gilt. Sein Problem sind eher die 115 PS und 170 Newtonmeter, die zwar einen Golf 2 gut auf Trab bringen, an einem bis zu drei Tonnen schweren Transporter aber mächtig zu schleppen haben.

Einzige Benzin-Alternative war bis zur Modellpflege der 3,2-Liter-VR6, der zwar ebenfalls keine Konstruktionsfehler aufweist und mit 235 PS auch alles andere als überfordert ist, dafür aber säuft wie ein Loch – bis zu 20 Liter auf 100 Kilometer. Für Liebhaber, die ihren T5 nicht im Alltag nutzen wollen, kann er aber dank geringerer Kfz-Steuer trotzdem eine Option sein. Er ist aber selten.

Hauptschwachstelle der 1,9-Liter und 2,5-Liter-Diesel ist die Pumpe-Düse-Einheit der Einspritzung, die sich dank einseitiger Befestigung und hoher Belastung in ihren Sitz einarbeitet. Irgendwann geben die Dichtringe der PDE auf und Diesel gelangt über den Zylinderkopf ins Motoröl. Wer die Ölverdünnung ignoriert, riskiert einen Motorschaden. Abhilfe schafft ein spezieller Reparatursatz. Eine detaillierte Beschreibung des

Campingbusse mit der Original-California-Einrichtung sind gesucht und teuer. Hier gilt es außerdem, auf ein problemlos funktionierendes Aufstelldach zu achten.

Der Pkw-artige Multivan (hier als Highline vor dem Facelift) bietet am meisten Komfort. Er ist als Zugwagen für Caravans besonders beliebt.

Die Caravelle bildet das Bindeglied zwischen Transporter und Multivan; hier als günstiger Trendline.

Der California Beach hat wie die Transporter ein etwas schlichteres Armaturenbrett. Eines eint jedoch alle T5-Varianten: Fahrkomfort und -vergnügen sind in dieser Größenkategorie eine Klasse für sich.

Problems sowie der Lösung findet sich auf www.pumpe-duese-abhilfe.de

Die Vierzylinder-TDI mit 86 oder 105 PS kranken zudem häufig an defekten Wasserpumpen, die oft sogar noch vor dem Zahnriemen-Intervall von 90 000 Kilometern (ab 2006 120 000 km) den Geist aufgeben. Auch das Zweimassenschwungrad ist anfällig – auf rasselnde Geräusche achten. Der Nockenwellen-Antrieb der Fünfzylinder-TDI (130 oder 174 PS) ist dank Stirnrädern wartungsfrei. Hier kann jedoch die Beschichtung der Zylinderlaufbahnen ausbrechen – Folge: Motorschaden. Oder eine fehlerhafte Dichtung der Wasserpumpe lässt Kühlwasser ins Öl gelangen, was ebenso zum Exitus führt. Bei Modellen bis 2006 reißt gerne mal der Auspuffkrümmer.

Immerhin: Beide TDI können ohne Rußpartikelfilter (DPF) mit Biodiesel gefahren werden, erreichen aber nur Abgasnorm Euro 3. Ab Januar 2006 war der DPF serienmäßig eingebaut, sodass beide Diesel Euro 4 erfüllen. In viele Innenstädte dürfen sie trotzdem nicht mehr.

Mit dem Facelift wurde der T5 zum T5.2. Die Pumpe-Düse-TDI wichen Zweiliter-Triebwerken mit Common-Rail-Einspritzung, was Laufkultur und Schadstoffklasse deutlich zugutekam. Sie erfüllen Euro 5, gehören aber zur abgasmanipulierten EA189-Familie. Laut KBA sind 30 000 T5.2 mit Automatikgetriebe betroffen. Mechanisch sind die Zweiliter-TDI (84 bis 140 PS) unauffällig. Traurige Ausnahme mit der Motorkennung CFCA ist der Top-Diesel mit 180 PS und Biturbo-Aufladung, der ab dem ersten Kilometer eifrig an seiner Selbstzerstörung arbeitet. Schuld ist der Kühler der Abgasrückführung. Wegen der aufgrund des zweiten Turboladers beengten Platzverhältnisse hat der BiTDI statt des (problemlosen) Röhrenkühlers der Einzelturbo-Motoren einen Lamellenkühler, dessen Kühlkörper von den Abgasen angegriffen wird und sich mit der Zeit auflöst. Aus den Lamellen herausgelöste Metallteile gelangen in die Brennräume und ziehen Riefen in die Zylinderlaufbahnen, die die Kolbenringe nicht mehr abdichten können. Kontinuierlich steigender Ölverbrauch (bis 4 L/1000 km!) ist die Folge, oft ist schon nach weniger als 100 000 Kilometern ein Austauschmotor fällig.

Wird heute ein T5.2 mit BiTDI angeboten, trägt er meist schon den zweiten Motor. Problem: Wenn dessen AGR-Kühler nicht die Teilenummer »03L 115 512 D« trägt, droht der dritte. Erst diese ab November 2015 im T6 eingebauten AGR-Kühler erweisen sich bis heute als standfest.

Risse im Zylinderkopf sowie verzogene Abgaskrümmer fallen da schon nicht mehr ins Gewicht. Zu guter Letzt sind da noch die beiden Turbo-Benziner 2.0 TSI mit 150 oder 204 PS. Ihr Problem sind unterdimensionierte Ölabstreifringe mit zu kleinen Ablaufbohrungen, die verkoken und bereits ab 40 000 Kilometern zu deutlich erhöhtem Ölverbrauch führen. Die Steuerkette ist ebenfalls etwas schwach und kann bereits bei Laufleistungen von 100 000 Kilometern gelängt sein. Häufig liest man motorübergreifend auch von Defekten am Turbolader, was jedoch meist schon ein Folgeschaden von Ölverdünnung oder Ölmangel aus einem der vorangegangenen Gründe ist. Die restliche Technik gibt sich verhältnismäßig unauffällig.

Bei den Schaltgetrieben schwächeln höchstens einmal die Synchronringe, hin und wieder lockern sich die Zähne der Gangräder. Die schwächeren Motorisierungen sind serienmäßig mit einem Fünfganggetriebe ausgestattet. Alle T5 ab 130 PS haben sechs Gänge, sind aber anfällig für Lagerschäden. Für diese Modelle konnte bis zur Modellpflege optional auch ein Sechsgang-Automatikgetriebe mit Drehmomentwandler bestellt werden. Es ist die komfortabelste Getriebe-Option im T5, allerdings nicht sehr haltbar. Je stärker der Motor, desto früher kapituliert es; manchmal bereits nach 100 000 Kilometern.

Ab Modelljahr 2010 stand für den 204-PS-Benziner sowie die beiden stärksten Diesel ein Siebengang-Doppelkupplungsgetriebe in der Aufpreisliste. Die Wandlerautomatik entfiel. Das neue »Direktschaltgetriebe« (DSG) reagiert empfindlich auf verschmutztes Öl und sollte alle 50 000 Kilometer neu befüllt werden, um Schäden an der

T5-Campingbusse

8 Beispiele

Campmobil: HK 4.9 oder HK 5.3, benannt nach der Außenlänge, haben die Küche quer im Heck.

Reimo: Neben Zubehör gibt es hier auch komplette Campingbusse, vom T5 waren es acht Varianten.

CS: Der Apollo ist einer der wenigen T5-Camper mit Waschraum samt Dusche und Kassetten-WC.

Spacecamper: Topmodell ist der Open mit luftigem Obergeschoss und ausschwenkbarem Küchenblock.

Getriebe-Mechatronik zu vermeiden. Ist die Mechatronik defekt, hilft nur noch der Austausch. Schäden machen sich auf zwei Arten bemerkbar: Das Getriebe schaltet während der Fahrt brutal in den zweiten Gang zurück und bleibt dort, oder es springt wahllos, aber genauso ruppig durch die Fahrstufen. Manchmal bessert sich das Verhalten bei kaltem Getriebe kurzzeitig wieder. Bei einer Probefahrt sollten also Motor- und DSG-Öl unbedingt auf Betriebstemperatur kommen, um mögliche Schäden entlarven zu können.

Das hohe Gewicht des T5 und damit die hohe Belastung beim Anfahren setzen den Antriebswellen zu und lassen sie zügig verschleißen – auf klopfende Geräusche in Kurven achten. Auch alle übrigen Fahrwerkskomponenten leiden unter der Last. Traggelenke, Spurstangenköpfe, Domlager und Fahrwerksbuchsen sind immer auf Spiel zu kontrollieren. Die Schraubenfedern an der Hinterachse können brechen, die Stoßdämpfer werden im Alter oft undicht. Natürlich sind auch die Bremsen bei einem schweren Campingbus hoch belastet. Die Scheiben sollten keine Riefen haben. Sie sind in der Regel nach 100 000 Kilometern fällig. Laut Dekra können zudem ab dieser Laufleistung die Bremsschläuche porös werden. Das läuft jedoch alles noch unter gewöhnlichem Verschleiß.

Kurz gesagt: Der VW T5/T5.2 ist trotz allem ein ebenso charmanter wie vielseitiger Reisebegleiter, der leider an mehreren kleinen Malaisen krankt, die ihn im Alter gebrechlich machen können. Wir raten euch, nur Autos mit gut dokumentierter Wartung und ohne nachweisbar erhöhten Ölverbrauch zu kaufen. Sonst ist das Risiko – vor allem auch das finanzielle – sehr schwer kalkulierbar.

Custom-Bus: Es gibt den einfacher ausgestatteten Multi und den Camper als typischen Urlaubsbus.

Werz: Der süddeutsche Ausbauer bot drei Modelle mit unterschiedlichen Dächern und Längen an.

Dipa: Typisch für den Merlin ist die Gasheizung. Zur Wahl standen beide Radstände und zwei Dächer.

Westfalia: Der lange Club-Joker mit Hochdach hebt sich durch Bad, Dusche und Kassettentoilette ab.

Der Perfektionist

Während der VW T4 California bei Westfalia ausgebaut wurde, nahm VW beim T5 die Sache selbst in die Hand. Es entstand ein ehrgeizig konzipierter Campingbus, der bis heute beeindruckt.

Text Ulrich Kohstall
Fotos Ulrich Kohstall, Archiv

Kontrollbord: *Mit der sogenannten Camper Unit werden Heizung, Kühlbox und Aufstelldach des California gesteuert. Oft fällt das Display aus oder der Dreh-/Drückknopf ist nicht mehr funktionsfähig, also unbedingt in Ruhe ausprobieren.*

Korrosion: *Das California-Dach besteht beim T5 aus Aluminium statt GfK und ist durch Alufraß gefährdet. Besonders oft tritt diese nicht zu stoppende Korrosion am Spoilerelement oberhalb der Windschutzscheibe auf. VW hat dafür eine Reparaturmethode entwickelt, bei der das Alu-Teil von Kunststoff ummantelt wird. Doch auch der Dachrahmen und das Dach selbst können betroffen sein. Manchmal sind Spuren davon auch am Zeltstoff sichtbar.*

Kühlbox: *Das Gerät funktioniert mit Bordstrom und lässt sich deshalb einfach checken. Läuft der Kompressor nach dem Einschalten nicht hörbar, könnte ein kostspieliger Austausch der Box nötig sein.*

Standheizung: *Wie jede kraftstoffbetriebene Heizung unterliegt auch das Aggregat im California einem gewissen Verschleiß. Aber auch eine zu selten betriebene Dieselheizung kann zickig sein. Das Unterflurgerät sollte schnell anspringen und dann ohne sichtbare Abgase laufen.*

Aufstelldach: *Bei Varianten mit elektrohydraulischem Dach arbeitet die Aufstellfunktion nicht immer zuverlässig. Auf undichte Hydraulikleitungen und -zylinder achten und sichergehen, dass die Dachschale tatsächlich oben bleibt und sich nicht nach einiger Zeit – meist nur auf einer Seite – wieder etwas absenkt.*

VW T5 California

Motor: *Generell erreichen die TDI-Aggregate hohe Laufleistungen, doch berichten Besitzer immer wieder von frühzeitig defekten Turboladern und Problemen mit der Motorelektronik. Häufig fällt das Ventil der Abgasrückführung aus. Bei laufendem Motor solltet ihr auf Kontrollleuchten und ungewöhnliche Geräusche achten.*

Scheinwerfer: *Eigentlich müssten die damals aufpreispflichtigen Xenon-Brenner ein Autoleben lang halten, doch das ist nicht immer der Fall. Sollte ein Xenon-Scheinwerfer nicht mehr funktionieren, wird die Reparatur deutlich teurer als bei herkömmlichen Lampen. In Einzelfällen werden zudem die Scheinwerfer – unabhängig von der Lichttechnik – undicht.*

Im California mit Comfortline-Ausstattung geht es vornehm zu. Nur das Navi wirkt inzwischen veraltet.

Aus Aluminium bestehen die soliden Möbel. Der Tisch ruht neben der Bank und ist verschieb- und ausfaltbar.

Einige Autohersteller bieten Campingbusse an, doch nur einer baut sie auch in Eigenregie aus: Seit dem Start des T5 vor 15 Jahren ist der California eine reine VW-Konstruktion. Das bemerkt man am perfekten Übergang von Fahrerhaus und Wohnraum und an vielen technisch anspruchsvollen Lösungen. Beides begeistert heute an einem gepflegten Gebrauchten genauso wie am ersten Tag. Die Kehrseite dabei: Allzu hoch entwickelter Technik mangelt es manchmal an Robustheit. Unsere Übersicht zeigt, welchen kostspieligen Reparaturen ihr beim Gebrauchtkauf aus dem Weg gehen solltet – schließlich ist ein echter Cali teuer genug. ■

Daten & Fakten

VW California Comfortline 2.5 TDI
Erstzulassung: 6/2008
Kilometerstand laut Händler: 49 600
Preis: 38 930 Euro
Basisfahrzeug/Antrieb: VW T5, Turbodiesel 128 kW/174 PS, 6-Gang-Schaltgetriebe
Bauweise: Kombi mit Stahlblechkarosserie und Aluminium-Aufstelldach

Nach mehr als zehn Jahren kann eine gepflegte California-Küche immer noch aussehen wie neu.

Die gepolsterte Ablage im Heckstauraum wird beim Bank-Bett-Umbau zum Kopfende der Liegefläche.

Baureihen & Modelle

Zur Markteinführung Anfang 2004 bietet VW den T5 California als Comfortline und einfacheren Trendline an. Nur kurzzeitig ist ein festes Hochdach von Polyroof lieferbar. 2006 taucht als Basisversion der Multivan Beach auf, der ab Sommer 2008 zum California Beach (Bild) mutiert. Er verzichtet auf die Möbelzeile. Ende 2009 wird der T5 geliftet und erhält Euro-5-Diesel (die nicht von Manipulationen betroffen sind). 2015 wird aus dem T5 dann der T6.

Markt & Preise

Als Bestseller unter den kompakten Campingbussen ist der T5 California auch auf dem Gebrauchtmarkt stark vertreten. Die Nachfrage ist allerdings nicht weniger groß, was ein gehobenes Preisniveau mit sich bringt. Für einen klassischen California Comfortline mit etwa 100 000 Kilometern auf dem Tacho sollte man rund 30 000 Euro bereitlegen. Facegeliftete Modelle ab Baujahr 2010 lassen sich kaum unter 40 000 Euro finden. Bei Angeboten um 20 000 Euro heißt es genau hinsehen: Hier handelt es sich oft um sehr schlichte Beach-Varianten, um Exemplare mit Laufleistungen über 300 000 Kilometer oder um andere Ausbauten, die nur im Inserat als California bezeichnet werden.

Kurzes Vergnügen

Fenster und Hauben: *Im sonst solide verarbeiteten Aufbau fallen die Einbauteile negativ auf. Am Panoramafenster im Dach kommt es zu altersbedingten Rissen. Undicht werden aber manchmal auch die kleineren Luken und die Seitenfenster. Selten, aber möglich ist das Eindringen von Feuchtigkeit an den Rändern der Frontscheibe.*

Nur fünfeinhalb Meter lang ist dieser Hymer Exsis. Doch innen fehlt es dem knubbeligen Unikum an nichts. Wir sagen euch, für wen sich die Suche nach einem gebrauchten Exemplar lohnt.

Text Ulrich Kohstall
Fotos Ulrich Kohstall, Archiv

Sanitärraum: *Risse im oft vergilbten Kunststoff machen nicht selten den Tausch des Waschbeckens nötig. Durchscheuern kann der Abwasserschlauch des schwenkbaren Beckens. Auch die Armaturen sind nicht gerade für die Ewigkeit gemacht. Der Wechsel kann durch die Einbausituation sehr umständlich sein. Viel einfacher klappt das bei der Tauchpumpe.*

Dachbett: *Polarisierend ist die Schlafgelegenheit im Hymer Exsis. Die enorme Breite der Liegefläche begeistert. Andererseits muss sie über eine hohe Leiter erklettert werden. Außerdem heißt es hier auch aus einem anderen Grund genau hinsehen: Die Hubmechanik kann verschleißen und Probleme bereiten.*

Lackierung: *Die Außenhaut des Exsis besteht je nach Karosserieteil aus Stahlblech, Aluminium oder GfK. Das kann das optische Erscheinungsbild In höherem Alter beeinträchtigen, etwa durch deutlich sichtbare Unebenheiten und abblätternden Klarlack von Metalliclackierungen. Weiße Exsis mit unlackiertem GfK-Dach leiden an dieser Stelle oft unter Auskreidungen und einem entsprechend matt wirkenden Dach.*

Hymer Exis

Stauraum: *Die kleine Heckklappe erlaubt zwar einen passablen Zugang zur Toilettenkassette und den Gasflaschen, doch für Gepäck bleibt nur ein flaches und schmales Fach. Getränkekisten finden keinen Platz. Dank einer Durchlademöglichkeit bis in den Wohnraum kann man immerhin lange Gegenstände einpacken.*

Fahrgestell: *Der Exsis basiert auf dem blechernen Plattformchassis des Fiat Ducato – und das kann rosten. Selbst wenn die Karosserie rundum noch einen unversehrten Eindruck macht, kommt es vor, dass die Längsholme unter dem Fahrzeug stark von Korrosion betroffen sind. Durchrostungen bringen in aller Regel Beanstandungen bei der nächsten Hauptuntersuchung mit sich.*

Die Breite des Fahrerhauses entspricht dem serienmäßigen Ducato, doch die größere Frontscheibe sitzt weiter vorne.

Erstaunlich viel Raum bietet die Sitzgruppe. Dieser SK hat nur auf der Fahrerseite einen umbaubaren Platz mit Gurt.

Wer sagt denn, dass große Marken nur Mainstream können. Mit der ersten Generation des Exsis bewies Hymer vor fast 20 Jahren jedenfalls Mut. Das Kompaktmobil passt in keine Schublade. Wie ein Integrierter hat der Exsis eine eigene Front mit nach vorne versetzter Windschutzscheibe. Wie ein Teilintegrierter behält er die Original-Fahrerhaustüren und wie ein Campingbus trägt er ein aufgesetztes Hochdach mit Bett darunter. Kann er die Vorzüge aller Bauformen miteinander verbinden? Eine gute Raumausnutzung darf man dem Exsis auf jeden Fall attestieren. Zwei Reisende verwöhnt er mit viel Platz in Wohnzimmer, Bett und Bad. Kein Wunder, dass er in dieser Zielgruppe bis heute eine feste Fangemeinde hat. ■

Daten & Fakten

Hymer ExSis (2003–2006)
Vorgestelltes Modell: Hymer Exsis SK, Fiat Ducato Plattform-Chassis (128 PS)
Erstzulassung: 6/2004
Kilometerstand laut Händler 145 500
Außenlänge: 5,45 m
Zulässiges Gesamtgewicht 3500 kg.
Bauweise: Integrierter, Aufbau mit Alu-Außenhaut und GfK-Hochdach, Blech-Unterboden, Isoliermaterial PU-Schaum und EPS

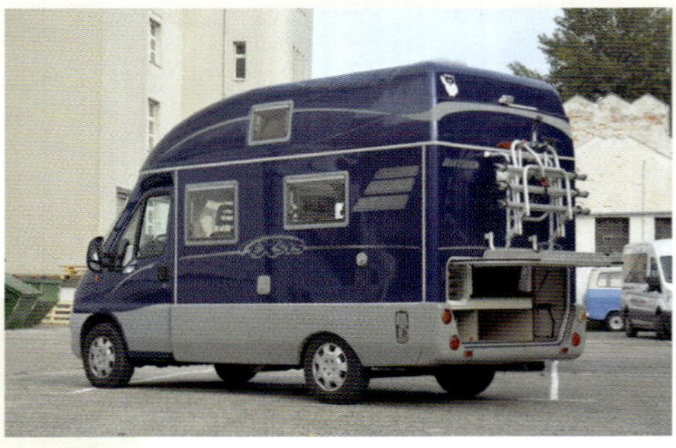

Auch im Einstiegsbereich gefällt der offene Zuschnitt der Einrichtung. Breit, aber nicht sehr hoch ist die Aufbautür.

Ein Kaufgrund könnte die über 1,60 Meter breite Liegefläche sein. Das Panoramadach macht sie zum Himmelbett.

Baureihen & Modelle

Lange Modellbezeichnungen braucht der Exsis nicht, denn die Auswahl ist ziemlich überschaubar. Weil die ungewöhnliche Aufbaukonstruktion nicht viele Variationen erlaubt, gab es zum Start im Jahr 2003 nur einen Grundriss, der Längsbänke hat. Im Sommer 2004 stellte Hymer eine zweite Variante vor: Der Exsis SG hat eine Halbdinette auf der Fahrerseite. Hinter dem Beifahrerplatz blieb es bei der Längsbank. Fortan hieß das Urmodell SK, das ein Jahr später auf Wunsch drehbare Einzelsitze hatte.

Markt & Preise

Die erste Generation des Hymer Exsis ist ein seltener Gast auf den Höfen der Gebrauchtmobilhändler. Das liegt nicht zuletzt daran, dass der erste Exsis gerade einmal drei Jahre lang gebaut wurde und schon deshalb keine großen Stückzahlen entstanden. Hinzu kommt die aktuell hohe Nachfrage mit generell leergefegten Händlerhöfen. Schnäppchen sind da nicht zu erwarten. Wenn man ein passendes Exemplar findet, muss man je nach Laufleistung mit Preisen zwischen 20 000 und 30 000 Euro rechnen. Meist trifft man auf SK-Modelle mit Längsbänken. Wer zu viert fahren will, muss hier darauf achten, dass genügend Gurte an Bord sind. Ungewohnt groß ist die Auswahl an Außenfarben.

Klassiker der Campingwelt

Kaum ein Fahrzeug bewegt Camper so wie der VW Transporter. Er zieht schwere Caravans, wird ausgebaut und trägt Wohnaufbauten – für viele ein Traumwagen. Nun steht der T6.1 am Ende der Karriere. Ist er im Lauf der Jahre zum guten Gebrauchten gereift? Wir haben uns umgesehen.

Text Hendrik Dieckmann **Fotos** S. Krieger, A. Hartmann, A. Rivas, H.-D. Seufert, Archiv

Zu den Traumwagen gehören meist Autos, die extrem teuer, für Otto Normalverdiener kaum zu erreichen und oft auch ziemlich selten sind. Moment! Selten? Der VW-Bus? Das ist er nun wirklich nicht, aber die beiden anderen Beschreibungen treffen durchaus zu. Schon immer war der VW Typ 2, wie der Transporter in all seinen Evolutionsstufen von eins bis sechs mit Vornamen heißt, Gegenstand von Diskussionen über Preiswürdigkeit. Die begannen bereits vor 70 Jahren im sachte durch das Wirtschaftswunder boxernden T1 mit 25 PS und drei harten Sitzbänken und eskalieren heute beim California mit Neupreisen jenseits von 90 000 Euro.

Busfahren ist hier teuer. Doch solche Kurse erscheinen geradezu günstig in Relation zu dem, was für gebrauchte T6.1 verlangt und bezahlt wird. Unser Testkandidat aus der Autowelt Michael im niedersächsischen Beckdorf erscheint da nur auf den ersten Blick teuer: drei Jahre alt, keine 11 000 Kilometer auf dem Zähler, Caravelle-Ausstattung, 204 PS und damit serienmäßig das Doppelkupplungsgetriebe sowie als Besonderheit ein elektrischer Lift mit 150 Kilo Tragfähigkeit für Krankenfahrstühle oder Ähnliches. Der blockiert hier zwar den ganzen Kofferraum, lässt sich aber leicht ausbauen. Auf dem Preisschild stehen knapp 53 000 Euro, was einen zunächst schnaufen lässt. Ein paar Klicks später jedoch ergibt die Suche in den einschlägigen Gebrauchtbörsen, dass dieser T6.1 einer der günstigeren Caravelle in Deutschland ist – den Lift gibt es also gratis. In dieser Motorisierung und mit ähnlichem Tachostand geht unter 53 Tausendern nicht viel; vergleichbare Multivan starten bei 55, für California sind über 60 einzuplanen.

1 *Für Nutzfahrzeug-Verhältnisse ist der T6.1 geradezu luxuriös eingerichtet. Zwar gibt es auch hier harte Kunststoffe, aber mit ein paar Extras kommen Pkw-Gefühle auf. Die Bedienung ist funktionell.* **2** *Kofferraum mit Betonung auf Raum: viel Platz für Gepäck, Camping-Ausbauten oder – wie hier – einen Rollstuhllift.* **3** *Hat was: Hochsitz für den Herrscher über 204 PS, ausgezeichnete Übersicht, angenehme Position auf bequemen Sitzen.* **4** *Steile Frontscheibe, aufrechte Sitzposition: Seit dem ersten T5 hat sich an diesem typischen VW-Gefühl nichts geändert.* **5** *Edler Schriftzug für die Ausstattung.* **6** *Keine billigen Plätze: Raum in der zweiten Reihe.* **7** *Ab 199 PS ist die DSG-Automatik serienmäßig.* **9** *Die Scheinwerfer fallen bei der Hauptuntersuchung öfter mal negativ auf.*

Hier solltet ihr bei einem T6.1 etwas genauer hinsehen

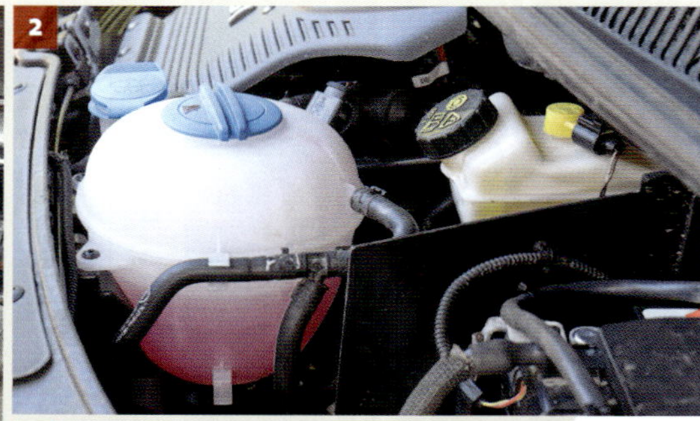

1 Korrosion am Unterboden ist kein Problem, aber die hochbelasteten Radaufhängungen und Bremsen sind rasantem Verschleiß unterworfen und gehören zu den klassischen Mängeln bei der Hauptuntersuchung. 2 Öfter mal selber kontrollieren: Wer sich ausschließlich auf die Anzeigeleuchte verlässt, bemerkt möglichen Wasserverlust erst spät – und garantiert im unpassendsten Moment. Langsames Absinken des Pegels signalisiert einen undichten AGR-Kühler. 3 Quietscht es aus dem Zahnriemenbereich? Dann fluchtet die Spannrolle nicht korrekt und muss erneuert werden. Manche Werkstätten neigen auch dazu, irgendein Gleitmittel an den Riemen zu schmieren – was für den Motor oft tödlich endet. 4 Thema Zuverlässigkeit: Mechanisch ist der Diesel absolut solide. Seine Schwäche ist die ausufernde Peripherie zur Verbrauchs- und Schadstoffabsenkung. Oder anders ausgedrückt: Wo drei Kühlmittelpumpen sind, können auch drei Pumpen kaputtgehen. VW führt die zahlreichen Probleme auch auf Fehlreparaturen zurück. 5 Doppelt reinigt besser: Seit Oktober 2020 besitzen die Motoren zwei SCR-Katalysatoren und einen größeren AdBlue-Tank mit 22 statt zuvor 13 Litern.

6 Durchfall-Kandidaten bei der HU: ausgeschlagene Radführungsgelenke und Pendelstützen sowie defekte Buchsen der vorderen Dreieckslenker. 7 Klappert da was? Eine interne Serviceaktion sollte lockere Gurthöhenversteller beruhigen. 8 Füllstand okay? Plötzlich fehlende Bremsflüssigkeit kann ein Indiz für eine am Fahrzeugboden durchgescheuerte Bremsleitung sein. Die ist erst nach Demontage der Verkleidung sichtbar. 9 Vorsicht, Lenkausfall: Ein undichter Verschlussstopfen kann Wasser ins Lenkgetriebe lassen und dort einen Kurzschluss mit Ausfall der Lenkunterstützung verursachen. 10 Kommen vor: Brüche der Federn an der Hinterachse, weil eine ungeeignete Unterlage erst Korrosion und dann den Bruch der ersten Federwindung hervorruft. 11 Funktion prüfen: Die Klimaanlage neigt zu Undichtigkeiten, ihre Leistung lässt schon bei geringem Kältemittelverlust stark nach. 12 Knarren die Sitze? Das kann an nicht parallel montierten Sitzschienen liegen. 13 Erster Rost: Anbauteile wie hier der Aggregateträger sind nur dünn mit Lack übergehaucht. Wer seinen T6.1 länger fahren möchte, sollte hier in Konservierung investieren. 14 Ein Dauerthema bei der Hauptuntersuchung ist das schlechte Tragbild der hinteren Bremsscheiben. Brisant: Der Hebel der Feststellbremse kann auf seiner Verzahnung überspringen, das Fahrzeug wegrollen.

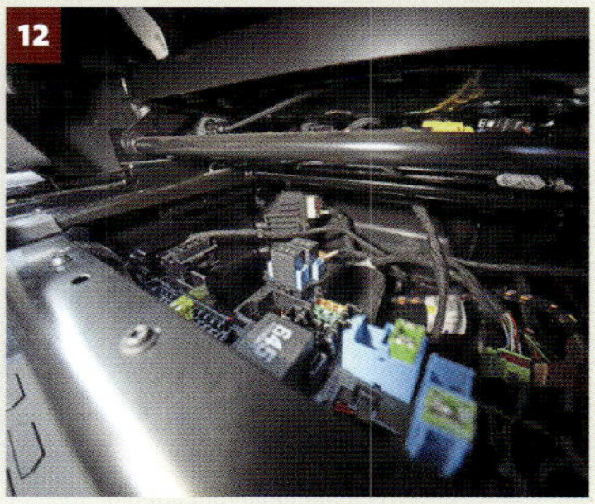

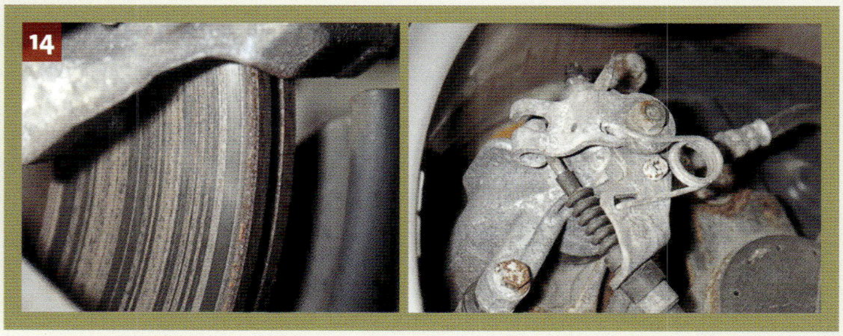

Dieser Caravelle hat den kurzen Radstand von exakt drei Metern. Den längeren mit 3,4 Metern erkennt man am entsprechend größeren Abstand zwischen Schiebetür und Radkasten, er kommt seltener vor. Indiumgrau Metallic gehört übrigens zu den beliebtesten Farben des T6.1 – mit fast 30 Prozent Anteil.

Um die unzähligen Varianten soll es hier gar nicht gehen, sonst wird es unübersichtlich. Für eine Gebrauchtwagenberatung ist es unerheblich, ob eine Spüle zur Ausstattung gehört und wie viele Schränke im Heck eingebaut sind. Entscheidend ist die Technik, und da kommen wir nicht umhin, ein paar Warnhinweise auszusprechen. Das gehört beim Typ 2 ebenfalls zur Tradition, unseren Ahnen flog bereits der luftgekühlte Boxer öfter mal um die Ohren. Beim T3 senkte der Umstieg auf Wasserkühlung 1982 nicht nur den Geräuschpegel, sondern zunächst auch die Robustheit. Im T4 wurde es besser, der von Audi übernommene Reihenfünfzylinder bewies auch dort seine legendäre Haltbarkeit. Dafür starben nun die Getriebe, vor allem die automatischen. Eine Generation später zeigte sich am komplett neu konstruierten Fünfzylinder, dass das Ausprobieren innovativer Technologien in der Großserie – hier plasmabeschichtete Zylinder – keine gute Idee ist, wenn die Quote an Motorschäden dann an die 100 Prozent erreicht.

Hier soll es ja um den T6.1 gehen. Der ist, genau genommen, das dritte Facelift des T5 von 2003. Was kein Nachteil sein muss, am Rauminhalt eines Quaders hat sich ja auch in 20 Jahren Bauzeit nichts geändert. Allerdings ist die Fahrzeugsicherheit inzwischen stark vorangeschritten. Der T5 brachte es da nur auf vier Sterne im Euro-NCAP-Crash, weil die Gliedmaßen der Dummys auf harte Strukturen stießen. Der T6.1 wurde nie getestet, besitzt diese Hartplastik-Strukturen allerdings noch immer.

Was sich weiterhin nicht geändert hat, ist die Anfälligkeit der Antriebe. Genau genommen ist es nur noch einer, denn mit dem Facelift auf den T6.1 flogen die Benziner in Deutschland aus dem Sortiment. Seitdem gibt es nur noch den Zweiliter-TDI in unterschiedlichen Leistungsstufen. Die schwächste mit 90 PS ist den reinen Transportern vorbehalten, die familientauglichen Versionen starten bei 110 PS. Damit kann man leben, 250 Newtonmeter sorgen für durchaus fühlbare Beschleunigung, dabei gibt es auch nur fünf Gänge zu sortieren. Diese simple Art von Bedienkomfort wussten aber nur 2,4 Prozent der Käufer zu schätzen, denn mehr als die Hälfte entschied sich für 150 PS und damit sechs Gänge. Zumindest in der Theorie, denn tatsächlich liegt der Anteil von Schaltgetrieben über alle Motorisierungen hinweg nur bei mageren zehn Prozent. Was auch daran liegt, dass VW die Verwaltung von 450 Newtonmetern bei den stärksten Aggregaten nicht unsensiblen Kupplungsfüßen überlassen wollte, sondern sie serienmäßig mit dem Siebengang-Doppelkupplungsgetriebe verbandelte. Das ist – nach leidensvollen Lehrjahren – mittlerweile recht solide. Wer beim Losfahren nicht urplötzlich aufs Gas patscht, kommt ruckelfrei von der Ampel los.

Die Biturbo-TDI können begeistern, haben aber eine komplexe Technik.

Der wahre Ärger lauert jedoch bei den Motoren. Sie besitzen einen Kühler für die Abgasrückführung, der gelegentlich undicht wird. Dann gelangt zumindest Kühlwasser in die Brennräume, oft landen dort aber auch Metallfragmente des Kühlers. Dann ist das Triebwerk Schrott. Besonders häufig betroffen sind die Biturbo-TDI in T5 (Motor-Kennbuchstaben CFAC), T6 und T6.1 (CXEC). Teilweise überlebten die Motoren keine 70 000 Kilometer, und mit Kulanz ist VW traditionell knickrig.

Das besserte sich erst ab Oktober 2020, als VW eine überarbeitete Generation seines Arbeitspferdes EA288 einführte, den EA288 Nutz. Der Name deutet es an, die Triebwerke sollen selbst robusterer Behandlung im gewerblichen Betrieb widerstehen. An ihrer grundsätzlichen Kompliziertheit hat sich jedoch nichts geändert. So ist etwa für das Entlüften des Kühlsystems weiterhin der Diagnosecomputer vonnöten, um die drei Wasserpumpen gezielt anzusteuern und so die Luft aus dem System zu bekommen. Laut VW ist ein Missachten dieser Anweisung Ursache für zahlreiche Überhitzungsschäden.

Nun ist der Kunde aber nicht immer schuld, wenn am T6.1 etwas nicht stimmt. Wenn zum Beispiel das Tagfahrlicht erlischt, weil es zu lange eingeschaltet war und sich dadurch erwärmt hat. Was ein geänderter Halter der Glühlampe nun verhindert. Kurios auch: Weil VW schneller die Ausstattungen änderte, als die Druckerei nachkam, wurden etliche Fahrzeuge mit fehlerhafter Bordliteratur ausgeliefert – einige sogar ohne gültige Typgenehmigung. Ein Kapitel für sich ist bei VW seit jeher die Seilzugschaltung. Funktioniert die Parkstellung beim DSG-Getriebe nicht, liegt dies für gewöhnlich an gelängten Betätigungszügen. Bei frühen Exemplaren wurde gleich der komplette Wählhebel erneuert, begründet als »qualitätsverbessernde Maßnahme«.

Fans von Schaltgetrieben sollten jetzt nicht lachen, bei denen waren reihenweise falsche Schaltbetätigungen eingebaut, die schwergängige Gangwechsel zur Folge hatten. Auch ist der T6.1 bei Rettungsleitstellen gut bekannt, weil sein automatischer Emergency Call öfter mal grundlos die 112 wählt. Ein Update soll helfen, allerdings sind auch Fälle bekannt, in denen dabei das Steuergerät abgeraucht ist. Obendrein sind diese Blackboxes wasserscheu. Bei maximaler Klima-Kühlleistung kann Kondenswasser hinter den Armaturen auf das Gateway-Steuergerät tropfen, was ein umgehendes Abstellen und Nichtwiederanspringen des Motors zur Folge hat. Pragmatische Abhilfe: drei Schaumstoffstreifen gemäß Anleitung aufkleben.

Traumwagen sind halt in den seltensten Fällen perfekt, ihre Liebhaber sehen ihnen das aber gern nach. Auch der VW-Bus verlangt trotz hoher Preise einigen Langmut von seinen Fans. Und ein paar solide Rücklagen für eventuelle Reparaturen. Ist der T6.1 nun ein echter Traumwagen für Camper? Als perfekte Symbiose aus Raumangebot, Pkw-ähnlichen Fahreigenschaften und Tiefgaragentauglich-

Die Modellgeschichte

3/2003 Ablösung des T4 durch den etwas größeren Nachfolger T5. Dieser ist nicht nur mit zwei Radständen, sondern je nach Ausstattung auch mit zwei unterschiedlichen Armaturenbrettern erhältlich.

1/2006 Die TDI-Dieselmotoren sind nun mit Partikelfilter ausgestattet.

10/2009 Erstes T5-Facelift. Scheinwerfer, Kühlergrill und Frontschürze werden neu gestaltet. Die Fünf- und Sechszylinder-Varianten entfallen, Siebengang-Doppelkupplungsgetriebe optional.

7/2015 Weiterentwicklung zum T6 durch große Modellpflege mit überarbeiteter Front und modifiziertem Interieur, dazu mehr Assistenzen. Alle Motoren erfüllen nun Euro-6-Norm.

10/2019 Durch ein weiteres Facelift entsteht der T6.1. Entfall der Ottomotoren, Front mit schmaleren Scheinwerfern und größerem Grill. Die TDI erfüllen nun Euro 6d-Temp. Einsatz des MIB 3 (Modularer Infotainment-Baukasten) und der elektromechanischen Lenkung, die den Einsatz aktueller Assistenzsysteme aus dem Pkw-Bereich ermöglicht.

Mit dem frühen T5 kommt auch der Multivan Beach.

Das erste große Facelift begradigt die Frontpartie.

Tiefere Modifikationen machen den T5 zum T6.

Die letzte Evolutionsstufe trägt den Namen T6.1.

keit auf jeden Fall. Das passt für Camping-Ausbauten ebenso gut wie für Zugwagen. Kehrseite sind die völlig abgehobenen Gebrauchtwagenpreise und eine nicht hundertprozentig befriedigende Zuverlässigkeit. Das muss man sich leisten können – und wollen. Was offenbar nicht das Problem ist. Das besteht eher darin, überhaupt einen passenden VW-Bus zum angemessenen Preis zu finden. ■

Auf einen Blick

Der VW Transporter, wie er offiziell heißt, hatte schon immer viel Platz. Und viele **Probleme, die zumeist die leistungsstärkeren Antriebe** betrafen. Das zieht sich so durch seine Geschichte, und der T6.1 macht da keine Ausnahme. Die doppelt aufgeladenen Diesel mit 199 und 204 PS haben öfter **Stress mit defekten Turboladern. Undichte Kühler der Abgasrückführung** betreffen auch die restlichen Motoren. An den Getrieben, egal ob von Hand oder automatisch geschaltet, stören **gelängte Schaltseile** den geschmeidigen Gang- oder Fahrtrichtungswechsel, auch lässt sich dann beim DSG-Getriebe die P-Stellung nicht anwählen. **Korrosion** gibt es auch in geringem Umfang zu beklagen, am Rahmen der Schiebefenster sowie an den Federn der Hinterachse, denen mangels geeigneter Unterlage dann die erste Windung wegrostet.

1 *Verschleiß Vorderachse*
2 *Funktion Schaltung*
3 *Quietschen Zahnriemen*
4 *Korrosion Schiebetür*
5 *Dichtheit AdBlue-System*
6 *Federbrüche Hinterachse*

Rückrufe:
1 *Lenkgetriebe, Ausfall wegen Wassereinbruch*
2 *Schloss Schiebetür*
3 *Continental-Reifen, Luftverlust*

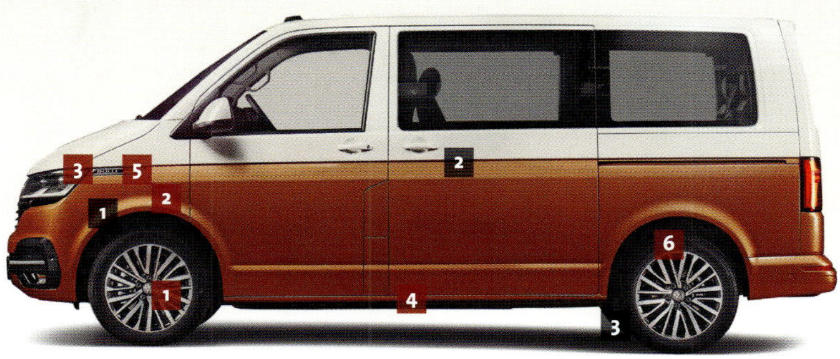

Marktsituation

Rund viertausend T6.1 California, Caravelle und Multivan warten in den Online-Börsen, zumeist mit dem 150-PS-Diesel oder den noch stärkeren Aggregaten. Automatik ist fast obligatorisch. Rund 30 000 Euro sind mindestens anzulegen, wenn der Kilometerstand im irdischen Bereich angesiedelt sein soll. Unterhalb von 20 000 Euro ist der einfache T6.1 Kastenwagen oder Kombi zu haben.

Empfehlenswerter Antrieb

TDI, etwas anderes gibt es im T6.1 nicht. Stellt sich nur die Frage nach der optimalen Leistung: 110 PS sind ein wenig knapp bemessen, wenn ein kompletter Campingausbau an Bord ist oder ein Wohnwagen gezogen werden soll. 199 oder 204 PS erscheinen dagegen eher overengineered und sind bei viel Volllast wenig zuverlässig. Also lautet hier das Motto: Keep it simple, am besten mit 150 PS.

Tapferer Indianer

Verbrauch: *Die meisten US-Mobile in Deutschland haben Dieselmotoren, aber auch hier kann man von einem erhöhten Treibstoffverbrauch ausgehen. Mit rund 25 Litern auf 100 Kilometern muss man beim gängigen V8-Diesel rechnen – nichts für Vielfahrer. Benziner sind oft mit Autogasanlagen nachgerüstet.*

Sie tragen den Namen eines Indianerstamms, sind waschechte Amis und in Europa fast ausgestorben: Winnebagos findet man bei uns nur noch als Gebrauchte, dafür aber ziemlich günstig.

Text Ulrich Kohstall
Fotos Ulrich Kohstall, Archiv

Ersatzteile: *Obwohl sich die US-Hersteller praktisch nicht mehr um den europäischen Markt kümmern, ist die Teileversorgung vergleichsweise unproblematisch. Basisfahrzeuge, aber auch Auf- und Ausbauten greifen meist auf amerikanische Standardkomponenten zurück, die sich über Spezialisten hierzulande oder per Internet in den USA beschaffen lassen.*

Umrüstung: *Für die Zulassung in Deutschland mussten viele Einbaugeräte sowie Elektrik- und Gasinstallationen gemäß europäischen Normen umgebaut werden. Die Qualität dieser Umrüstungen schwankt stark. Vorsicht bei selbst importierten Fahrzeugen mit Bastellösungen.*

Dichtigkeit: *Wenn Feuchtigkeit eindringt, dann meist im Dachbereich. Durch tragende Metallteile ist der Aufbau von typischen US-Mobilen gegenüber Nässe jedoch unempfindlicher als die damals in Europa übliche Holzkonstruktion.*

Elektrik: *Häufig kommt es zu Problemen mit der Bordelektrik. Oft handelt es sich dabei nur um Kleinigkeiten, doch die manchmal chaotische Installation macht die Fehlersuche aufwendig. Eigenes Bastlertalent erspart hier teure Werkstattrechnungen.*

Winnebago Brave

Größe: *Aus amerikanischer Sicht kamen vor allem Kompaktmodelle nach Europa. Hierzulande gehören fast alle US-Mobile zu den ganz Großen. Mit acht Meter Länge und 2,50 Meter Breite sollte man rechnen. Entsprechend üppig ist auch das Gewicht. Die meisten Modelle bleiben aber noch unter 7,5 Tonnen Gesamtgewicht.*

Isolierung: *Für dicke Luxusmobile aus europäischer Herkunft gilt eine überdurchschnittliche Wintertauglichkeit als selbstverständlich. Nicht so in den USA. Dort verbringen Wohnmobilfahrer die kühle Jahreszeit meist in den Wüstenstaaten. Entsprechend muss man in US-Mobilen mit einer einfachen Verglasung der Fenster und einem unisolierten Abwassertank rechnen.*

Teils massive Hölzer, nicht ganz so echter goldener Zierrat und Billigplastikteile – der Brave ist ein klassischer Ami.

Typisch für US-Mobile sind auch die Mikrowelle in der breiten Küche und ein nicht gerade riesiges festes Bett.

In den 1990er Jahren erlebten US-Mobile hierzulande einen kleinen Boom. Winnebago war damals sogar mit einer eigenen Niederlassung auf dem deutschen Markt vertreten. Freie Importeure trugen ihren Teil dazu bei, dass diese US-Mobile heute den Gebrauchtmobilmarkt bereichern. Ihre besonderen Reize haben sie bis heute nicht verloren: Wenn der 175 PS starke V8-Turbodiesel zwischen den Vordersitzen eines Winnebago Brave wummert, eine Viergang-Automatik sanft die Gänge einlegt und ein ganzes Wohnzimmer in Bewegung bringt, fühlt man sich in einer anderen Welt. Heute kümmern sich vor allem drei Spezialbetriebe um US-Mobile: ICF in Emmendingen, Müllers Motorhomes in Weiterstadt und TSL in Swisttal. ■

Daten & Fakten

Winnebago Brave 25 RC
Erstzulassung: 4/1998
Kilometerstand laut Händler: 87 000
Preis: 19 990 Euro
Zulässiges Gesamtgewicht: 6713 kg
Basisfahrzeug: GM/Workhorse P 32
Bauweise: Integrierter mit Metallgitterrahmen und GfK-Außenhaut

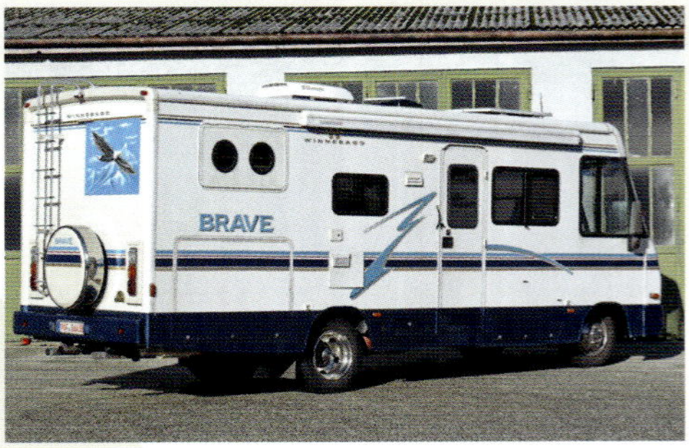

Kühl- und Kleiderschrank haben Haushaltsformat, die Tür dahinter führt zum Bad mit Festtank-WC und Dusche.

Für ein mehr als acht Meter langes Wohnmobil ist der Außenstauraum eher von bescheidener Größe.

Baureihen & Modelle

Der Brave von Winnebago ist wohl das in Europa am stärksten verbreitete US-Mobil. Neben den RC-Varianten mit Seitenbett wurden in Deutschland auch RQ mit Queensbett angeboten. Früher außerdem im offiziellen Importprogramm: die größeren Baureihen Superchief und Suncruiser. Durch freie Importeure kamen viele weitere US-Marken zu uns, darunter etwa Coachmen, Damon, Euro Liner, Fleetwood, Gulf Stream oder Holiday Rambler (Bild).

Markt & Preise

Trotz des Exotenstatus findet sich eine gute Auswahl von US-Mobilen auf dem Gebrauchtwagenmarkt. Wegen der vielen unterschiedlichen Markennamen sind die Amis in den Internetbörsen allerdings nicht immer leicht zu finden. Manchmal hilft die Suche nach älteren Automatikmodellen. Wer nicht vor dem Verbrauch von Benzinern zurückschreckt, kann bereits um 10 000 Euro fündig werden. Bei Nobel-Amis wie Monaco muss man dagegen mit sechsstelligen Beträgen rechnen. Für klassische Integrierte aus den 1990er Jahren werden je nach Zustand um 20 000 Euro fällig – echte Schnäppchen angesichts des komfortablen und kräftigen Antriebs sowie des großen Wohnraums.

Finanzspritze fürs Mobil

Wenn das vorhandene Geld für das gewünschte Freizeitfahrzeug nicht ohne Weiteres reicht, kann eine Finanzierung oder Leasing helfen. Wir zeigen mögliche Wege zum Traummobil auf.

Text Irina Ziegler **Fotos** RomanR, M. Schuppich, anankkml/Adobe Stock, Irina Ziegler

Nicht jeder hat ausreichend Geld auf der hohen Kante, um das Wohnmobil oder den Caravan vollständig zu bezahlen. Und auch andere Gründe können dafür sprechen, sich für Finanzierung oder Leasing zu entscheiden. Die einen wollen stets mit einem aktuellen Modell reisen und sich nicht mit dem Gebrauchtverkauf herumschlagen. Andere sind sich nicht sicher, ob das gewählte Modell auf Dauer das richtige ist oder möchten sich nicht langfristig daran binden. Obwohl die Europäische Zentralbank seit Juli 2022 zehnmal den Leitzins erhöht hat und dadurch die Kreditzinsen für Verbraucher entsprechend gestiegen sind, ist die Finanzierung nach wie vor für viele eine wichtige Option.

Für Kunden gibt es verschiedene Wege zur Finanzierung. Die Hausbank, die als Filial- oder Direktbank für den Kunden das Girokonto unterhält, bietet in der Regel selbst oder über Partner Ratenkredite zur Fahrzeugfinanzierung an. Auch Internetportale vergleichen und vermitteln inzwischen neben Strom-, Gas- oder Mobilfunkverträgen auch Verbraucherdarlehen.

Glossar und Tipps

Bonitätsprüfung: Die Bank prüft die Kreditwürdigkeit (Bonität) anhand der Einkommensverhältnisse und der Erfahrungen aus bisherigen Geschäftsbeziehungen, etwa die Rückzahlung früherer Kredite. Dabei werden die Angaben des Kreditnehmers und Daten von Auskunfteien wie Schufa, Creditreform oder Infoscore einbezogen.
TIPP: Verbraucher können bei Auskunfteien einmal jährlich kostenlos eine Selbstauskunft mit den über sie gespeicherten Informationen anfordern.

Bonitätsunabhängige Festzinsen: Bei diesem Festzins bekommen alle Kreditnehmer den gleichen Zinssatz, unabhängig von Einkommen und Bonität. Zur Absicherung des Kredits findet aber dennoch eine Bonitätsprüfung statt.
TIPP: Von Festzins spricht man auch, wenn der Zins über die gesamte Laufzeit eines Kreditvertrags festgeschrieben ist, wie meist bei Ratenkrediten.

Effektiver Jahreszins: Er gibt die tatsächlichen Gesamtkosten an, die pro Jahr für das Darlehen anfallen. Darin enthalten sind zusätzliche Kreditkosten wie etwa Vermittlungs- oder Kontoführungsgebühren. **TIPP:** Beim Vergleich von Konditionen für Kredite (mit gleicher Laufzeit) sollte der effektive Jahreszins die Vergleichsbasis sein.

GAP-Versicherung: Ist eine zusätzliche Kfz-Versicherung beim Leasing, die etwa bei Totalschaden oder Diebstahl des Fahrzeugs die Differenz zwischen dem Wiederbeschaffungswert und offenen Forderungen des Leasinggebers abdeckt. Die Abkürzung »GAP« steht für die Bezeichnung Guaranteed Asset Protection, was übersetzt »Garantierter Vermögensschutz« bedeutet.
TIPP: Der Abschluss einer GAP-Versicherung ist sinnvoll, da der von der Kaskoversicherung erstattete Wiederbeschaffungswert deutlich geringer ausfallen kann als die offenen Ansprüche des Leasinggebers.

Kreditkonditionenanfrage: Für diese Anfrage müssen Daten zur finanziellen Situation preisgegeben werden. Die Ergebnisse sind in der Regel rechtlich unverbindlich. **TIPP:** Konditionen anfragen wirken sich nicht auf die Einstufung bei Auskunfteien wie etwa bei der Schufa aus.

Kreditschutzversicherung: Sie dient zur Absicherung von Kreditausfallrisiken. Das können beispielsweise der Todesfall, aber auch Arbeitsunfähigkeit oder Arbeitslosigkeit sein. Abhängig vom Versicherungsumfang werden im Leistungsfall die Raten übernommen oder der Kredit wird komplett getilgt. **TIPP:** Die Kosten der Versicherung müssen nur in den effektiven Jahreszins

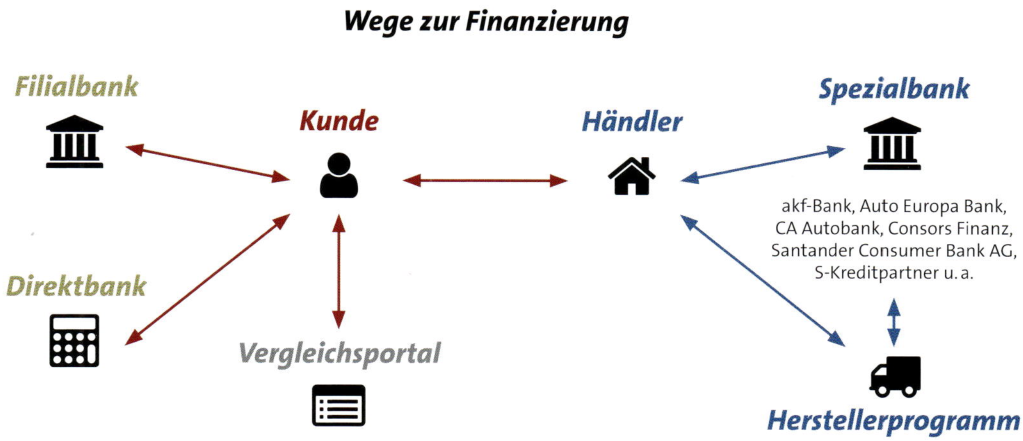

eingerechnet werden, wenn der Abschluss der Kreditschutzversicherung Voraussetzung für die Vergabe des Darlehens ist.

Nettodarlehensbetrag: Er entspricht dem Gesamtkreditbetrag, der ausbezahlt wird und für den die Zinsen erhoben werden. **TIPP:** Der Nettodarlehensbetrag kann auf Wunsch des Kreditnehmers an einen Dritten ausbezahlt werden, beispielsweise direkt an den Reisemobilhändler.

Sollzins: Er ist der reine Preis für das Darlehen und enthält keine weiteren Kosten wie etwa Gebühren für Zahlungsweisen oder für die Kreditvermittlung. **TIPP:** Der Sollzins eignet sich nicht zum Vergleich von Kreditangeboten, da nicht alle anfallenden Kosten eingerechnet sind.

Sondertilgungen: Diese Teilrückzahlungen des Darlehens werden über die vereinbarten Raten hinaus vom Kreditnehmer geleistet. Die Höhe der Sonderzahlungen kann vertraglich begrenzt sein. **TIPP:** Sondertilgungen verkürzen die Kreditlaufzeit und damit die Kreditkosten.

Vorfälligkeitsentschädigung: Bei der vorzeitigen Darlehensrückzahlung kann die Bank diese Entschädigung als Ausgleich für ihren finanziellen Schaden verlangen. **TIPP:** Die Höhe der Entschädigung ist bei Ratenkrediten gesetzlich auf ein Prozent beziehungsweise bei einer Restlaufzeit vonweniger als einem Jahr auf 0,5 Prozent der Restschuld begrenzt. Sie darf nicht höher sein als der Sollzinsbetrag, der noch zu entrichten wäre.

Zinsspanne: Zinsspannen sind Von-bis-Angaben, in deren Bandbreite eine Bank Verbraucherkredite vergibt. Der genaue Zinssatz, der innerhalb dieser Spanne gewährt wird, hängt von der Darlehenssumme, -laufzeit und Bonität ab. **TIPP:** Zinsspannen sind nicht zum Vergleich verschiedener Kreditangebote geeignet. Zusammen mit dem Zwei-Drittel-Zins geben sie aber einen Anhaltspunkt für die Vorauswahl.

Zwei-Drittel-Zins: Bei Werbung für Verbraucherdarlehen muss ein oft als »repräsentatives Beispiel« bezeichnetes Rechenbeispiel auf Basis des sogenannten Zwei-Drittel-Zinssatzes veröffentlicht werden. Das Beispiel muss so ausgewählt werden, dass davon auszugehen ist, dass zwei Drittel der Verträge, die aufgrund der Werbung zustande kommen, zum angegebenen oder einem niedrigeren effektiven Jahreszins abgeschlossen werden. **TIPP:** Bei Werbung für Kredite mit Zinsspanne sollte immer das repräsentative Berechnungsbeispiel in die Vorauswahl mit einbezogen werden. Häufig findet man das Beispiel aber nur im »Kleingedruckten« der Kreditwerbung.

Finanzierungsbeispiele

*Herbert und Ingeborg, Rentner, Neukauf Knaus Sun I 900 LX für 189 174 Euro**

Das fiktive Rentnerpaar kann dank Inzahlungnahme eines fast neuwertigen Teilintegrierten und zusätzlichem Eigenkapital eine hohe Anzahlung für den Kauf des neuen Integrierten Knaus Sun I leisten. Die Finanzierungslücke von 60 000 Euro wollen Herbert und Ingeborg mit einem Ratenkredit schließen, den sie direkt über ihren Reisemobilhändler vereinbaren möchten. Der Händler berechnet für sie die Finanzierung mit verschiedenen Laufzeiten.

RATENKREDIT: Anzahlung 129 174 Euro, Nettodarlehensbetrag 60 000 Euro

Laufzeit Monate	Gebundener Sollzinssatz p. a.	Effektiver Jahreszins	1. Rate	Folgeraten	Gesamt-kreditbetrag	Gesamtkosten
36	5,93 %	6,09 %	1801,33 Euro	1824,– Euro	65 641,33 Euro	5641,33 Euro
48	5,93 %	6,09 %	1368,43 Euro	1408,– Euro	67 544,43 Euro	7544,43 Euro
60	5,93 %	6,09 %	1153,54 Euro	1158,– Euro	69 475,54 Euro	9475,54 Euro
84	6,12 %	6,29 %	869,25 Euro	880,– Euro	73 909,25 Euro	13 909,25 Euro
96	6,12 %	6,29 %	781,97 Euro	792,– Euro	76 021,97 Euro	16 021,97 Euro

* Fahrzeugpreis für Knaus Sun I 900 LX (2024) laut Fahrzeugkonfiguration auf www.knaus.com, Stand 10.10.2023, Grundpreis 155 530 Euro, zuzüglich konfigurierte Sonderausstattung für 33 644 Euro.

*Stefan und Elke, berufstätig, Neukauf Sunlight Cliff 600 RT Adventure Edition für 70 401 Euro**

Dem Modellpaar Stefan und Elke steht als Anzahlung lediglich der Verkaufserlös ihres gebrauchten Alkovenmobils zur Verfügung. Da die Kinder der beiden nicht mehr mit ihnen auf Reisen gehen, will das Ehepaar auf einen kompakten Kastenwagen umsteigen. In einigen Jahren können sie einen fälligen Sparvertrag zur Finanzierung einsetzen, daher schlägt der Händler eine Drei-Wege-Finanzierung vor, die er für verschiedene Laufzeiten berechnet.

DREI-WEGE-FINANZIERUNG: Anzahlung 10 401 Euro, Nettodarlehensbetrag 60 000 Euro

Laufzeit Monate	Gebundener Sollzinssatz p. a.	Effektiver Jahreszins	1. Rate	Folgeraten	Schlussrate/ Ballon	Gesamt-kreditbetrag	Gesamtkosten
48	5,83 %	5,99 %	668,20 Euro	700,– Euro	38 720,55 Euro	71 588,75 Euro	11 588,75 Euro
60	5,83 %	5,99 %	609,55 Euro	659,– Euro	35 200,50 Euro	74 032,05 Euro	14 032,05 Euro
72	5,83 %	5,99 %	590,14 Euro	629,– Euro	31 680,45 Euro	76 300,59 Euro	16 300,59 Euro
84	5,83 %	5,99 %	555,70 Euro	606,– Euro	28 160,40 Euro	78 408,10 Euro	18 408,10 Euro

* Fahrzeugpreis für Sunlight Cliff 600 RT Adventure Edition laut Fahrzeugkonfiguration auf www.sunlight.de, Stand 10.10.2023, Grundpreis 60 799 Euro, zuzüglich konfigurierte Sonderausstattung für 9602 Euro.

Mike und Tom, selbstständig, Pössl Vanstar V-Klasse lang, Neukauf oder Leasing, Fahrzeugpreis 82 099 Euro*

Im Fallbeispiel von Mike und Tom soll der gut ausgestattete Pössl Vanstar von beiden Firmeninhabern privat genutzt werden. Uneins sind sie sich noch über die Art der Finanzierung. Tom will sich nicht langfristig an das Fahrzeug binden und interessiert sich für Privatleasing. Mike möchte die Ratenhöhe gering halten und nach Finanzierungsende Eigentümer des Pössl Vanstar werden. Ihr Händler hat daher mehrere Möglichkeiten für sie berechnet.

LEASING: Leasingsonderzahlung 25 %, Fahrleistung 15 000 km p. a.							
Laufzeit Monate	Gebundener Sollzinssatz p. a.	Effektiver Jahreszins	1. Rate	Folgeraten	Schlussrate/ Ballon	Gesamt-kreditbetrag	Gesamtkosten
36	–	–	–	759,88 Euro	–	–	–
48	–	–	–	767,00 Euro	–	–	–
60	–	–	–	773,93 Euro	–	–	–
BALLONFINANZIERUNG: Anzahlung 22 099 Euro, Nettodarlehensbetrag 60 000 Euro							
36	5,83 %	5,99 %	551,92 Euro	581,– Euro	49 259,40 Euro	69 565,32 Euro	9565,32 Euro
48	5,83 %	5,99 %	563,35 Euro	578,– Euro	45 154,45 Euro	72 305,80 Euro	12 305,80 Euro
60	5,83 %	5,99 %	553,09 Euro	573,– Euro	41 049,50 Euro	74 836,59 Euro	14 836,59 Euro
RATENKREDIT: Anzahlung 32 099 Euro, Nettodarlehensbetrag 50 000 Euro							
84	6,12 %	6,29 %	679,34 Euro	734,– Euro	–	61 601,34 Euro	11 601,34 Euro
96	6,12 %	6,29 %	651,64 Euro	660,– Euro	–	63 351,64 Euro	13 351,64 Euro
150	6,30 %	6,49 %	439,86 Euro	483,– Euro	–	72 406,86 Euro	22 406,86 Euro

* Fahrzeugpreis für Pössl Vanstar V-Klasse lang mit 237 PS laut Fahrzeugkonfiguration auf www.poessl-vanline.de, Stand 11.10.2023 mit Grundpreis 62 999 Euro, zuzüglich konfigurierte Sonderausstattung für 19 100 Euro.

Caravaninghändler bieten speziell auf die Bedürfnisse ihrer Kunden zugeschnittene Finanzierungen an. Sie kooperieren mit Spezialbanken und halten zusätzlich Finanzierungsprogramme der Hersteller mit Sonderkonditionen bereit. Diese Programme laufen auch über Spezialbanken, wie etwa über die im April 2023 aus der FCA Bank hervorgegangene CA Auto Bank, die hinter der Erwin Hymer Group Finance steht. Viele dieser Spezialbanken bieten ihre Kredite nur über Händler oder Hersteller an. So beispielsweise die Auto Europa Bank, eine Tochter der Volkswagen Bank, oder die akf-Bank, die als Teil des Familienkonzerns Vorwerk mit der Finanzierung von Haushaltsgeräten startete. Bei anderen, wie der Santander Consumer Bank AG oder Consors Finanz, können Darlehen auch direkt abgeschlossen werden.

Bei der Suche nach einem Kredit fällt der erste Blick meist auf den Zins. Direkt- oder Filialbanken werben oft mit Zinsspannen, der endgültige Zins steht dann erst nach der Bonitätsprüfung fest. Einen ersten Anhaltspunkt zum Vergleich gibt der Zwei-Drittel-Zins (siehe Kasten oben). Bei Händlerfinanzierungen bekommen dagegen alle Kunden einen Festzins in gleicher Höhe, ausreichende Bonität vorausgesetzt. Zum Vergleich von Angeboten ist der effektive Jahreszinssatz geeignet, da er auch die Kreditnebenkosten enthält.

Finanzierungsarten

	Ratenkredit ohne Schlussrate	Ratenkredit mit Schlussrate/Ballon	Drei-Wege-Finanzierung/ Budget-Finanzierung	Leasing
	Kredit mit gleichbleibender Monatsrate	Kredit mit gleichbleibender Monatsrate und hoher Schlussrate	Kredit mit gleichbleibender Monatsrate und Wahlmöglichkeit nach Laufzeitende: · Kauf (Zahlung Schlussrate) · Anschlussfinanzierung · Rückgabe	Leasing mit gleichbleibender Monatsrate und Wahlmöglichkeit nach Laufzeitende. Leasingarten: · Restwert-Leasing · Kilometer-Leasing
Ratenhöhe	mittel bis hoch	niedrig	niedrig	hoch
Laufzeit*	12 bis 150 Monate	12 bis 96 Monate	12 bis 84 Monate	12 bis 84 Monate
Anzahlung	wählbar	niedrig	niedrig	wählbar
Schlussrate	nein	hoch	bei Fahrzeugübernahme hoch	bei Fahrzeugübernahme hoch
Besonderheiten	· Fahrzeug wird nach vollständiger Rückzahlung des Ratenkredits zum Eigentum · Höhe der Raten abhängig von Laufzeit und Höhe einer gegebenenfalls geleisteten Anzahlung	· Fahrzeug wird nach Zahlung aller Raten zum Eigentum · Falls Schlussrate finanziert werden muss, besteht das Risiko, dass die Konditionen der Anschlussfinanzierung ggf. schlechter sind (Gebrauchtfahrzeug)	· Fahrzeug kann nach Vertragsende zurückgegeben werden · Mängel am Fahrzeug müssen bei Rückgabe bezahlt werden · Konditionen einer Anschlussfinanzierung können unter Umständen schlechter sein (Gebrauchtfahrzeug)	· Nutzungsrecht für Fahrzeug · keine Veränderungen am Fahrzeug möglich · je nach Vertrag inklusive Zusatzleistungen wie Wartungskosten, Verschleißteile oder Versicherung · Kaufoption kann vertraglich vereinbart werden · Privatleasing bringt keinen Steuervorteil · Beim Kilometer-Leasing werden Mehr- und Minderkilometer abgerechnet · zusätzliche Kosten, wenn beim Restwert-Leasing der Fahrzeugwert bei Rückgabe geringer ist als vereinbart

* Abweichende Kreditlaufzeiten bei verschiedenen Banken und bei Händlerfinanzierung möglich.

Bei den Kreditarten gibt es ebenfalls Unterschiede (siehe Kasten Seite 51). Händler bieten neben klassischen Ratenkrediten auch Drei-Wege-Finanzierungen. Kreditnehmern stehen dabei am Ende der Laufzeit drei Wege offen: Sie geben das Fahrzeug zurück, sie vereinbaren eine Anschlussfinanzierung oder sie werden nach Zahlung der Schlussrate Eigentümer des Mobils. Welches Darlehen das richtige ist, hängt von der persönlichen Situation ab. Am Anfang sollte aber die Frage stehen, wie hoch der Finanzierungsbedarf ist und welche Ratenhöhe man monatlich zurückzahlen kann. Wer Wert auf Planungssicherheit legt, kann sich beim klassischen Ratenkredit über eine Laufzeit von bis zu 150 Monaten einen festen Zins sichern. Bei der Santander Consumer Bank AG hat diese Finanzierungsart laut Joachim Roth bisher den größten Anteil.

Allerdings, so Joachim Roth, »bemerken wir durch die gestiegenen Zinsen einen Trend zu kürzeren Laufzeiten, hin zu einer Budgetfinanzierung mit Schlussrate«. Diese Finanzierung ist besonders für Käufer interessant, die in einigen Jahren einen höheren Geldbetrag erwarten oder beim Kauf noch nicht sicher sind, ob sie das Fahrzeug behalten wollen. Auch hier ist der Zins festgeschrieben, jedoch bei kürzeren Laufzeiten.

Noch mehr Flexibilität bieten Modelle wie etwa Santander Autoflex mit variablem Zinssatz, bei dem der Kreditnehmer die Ratenhöhe während der Laufzeit anpassen kann. Interessant ist diese Option, wenn beispielsweise die Höhe des Einkommens durch Provisionen schwankt. Die Rate kann beliebig oft erhöht oder bis zur Mindestrate gesenkt werden.

Auch Leasing spielt als Finanzierungsart inzwischen bei Freizeitfahrzeugen eine Rolle. In der Caravaning-Sparte der akf-leasing entscheiden sich laut Tobias Kaufmann inzwischen knapp 25 Prozent der Kunden für Leasing. Davon sind 70 Prozent Privatpersonen, die im Gegensatz zu Unternehmern keinen Steuervorteil beim Leasing haben.

Die reine Nutzungsmöglichkeit steht besonders bei jüngeren Kunden eher im Vordergrund als das Eigentum am Fahrzeug. Beliebte Leasingobjekte sind dabei laut Tobias Kaufmann »Campingbusse«. Wählen kann man zwischen Kilometer- und Restwertleasing. »Im Schnitt entscheiden sich unsere Kunden beim Kilometerleasing für eine Fahrleistung von 10 000 Kilometern pro Jahr«, so Tobias Kaufmann. Mehr- oder Minderkilometer werden am Laufzeitende abgerechnet. Beim Restwertleasing wird ein bestimmter, am erwarteten Marktwert des Fahrzeugs zum Vertragsende orientierter Restwert festgelegt. Ist der erzielte Verwertungserlös geringer als der vereinbarte Restwert, muss der Leasingnehmer diese Differenz bezahlen. Beim Kilometerleasing gibt der Leasingnehmer das Fahrzeug beim ausliefernden Händler ab.

Caravaninghändler werben häufig direkt mit Zinskonditionen, konkreten Finanzierungsbeispielen oder Sonderfinanzierungen der Hersteller.

Ob Finanzierung oder Leasing: beides sollte maßgeschneidert auf die individuelle Situation sein. So wie eben auch das Campingmobil zu einem persönlich passen muss. ■

Vergleichsportale richtig nutzen

Bei der Auswahl von Produkten und Dienstleistungen vertrauen viele Nutzer auf Vergleichsportale im Internet. Auch Kreditvergleiche findet man inzwischen auf vielen dieser Plattformen. Bei der Recherche sollte man sich bewusst sein, dass die Portale keine hundertprozentige Marktabdeckung bieten und vor dem Angebotsvergleich prüfen, ob eventuell durch voreingestellte Filter bestimmte Angebote ausgeblendet werden. Das kann zum Beispiel bei Anbietern der Fall sein, wenn mit diesen kein direkter Vertragsabschluss über das Portal möglich ist. Auch auf das Ranking innerhalb der Suchergebnisse sollte man achten und die Sortierreihenfolge nach den eigenen Präferenzen einstellen. Zwar gibt es seit Mai 2022 Informationspflichten für Vergleichsportale die beispielsweise vorschreiben, dass Anbieter kenntlich machen müssen, wie das Ranking zustande kommt. Allerdings gelten diese nicht für Kreditvergleiche, da Finanzdienstleistungen und Versicherungen von der Regelung ausgenommen sind. Je nach Portal müssen personenbezogene Daten preisgegeben werden, um detaillierte Informationen zu bekommen. Prüfen Sie vor der Eingabe und Zustimmung, wofür der Anbieter Ihre Daten verwenden darf. Egal ob über Vergleichsportale oder andere Anbieter – im Internet findet man nicht zwangsläufig das günstigste Angebot auf dem Markt. Es lohnt sich oft, die Angebote mit denen der Anbieter direkt und beim Händler zu vergleichen.

Der schnelle Weg zum Geld

Illustration Gettyimages/ Irina Cheremisinova/ 4khz/SurfUpVector

Caravans und Wohnmobile bezahlt man nicht mal eben aus der Portokasse. Wenn das Ersparte nicht ausreicht oder anderweitig verwendet werden soll, kommt eine finanzierung in frage. Die Angebote der Kreditinstitute sind vielfältig. Wie man eine passende Finanzierung findet, steht hier.

1 Wie komme ich an eine Finanzierung fürs Freizeitfahrzeug?

Sowohl die eigene Bank als auch der Händler, bei dem ich ein Fahrzeug kaufe, bieten Finanzierungen an. Die Händler nutzen entweder die Finanzierungsprogramme der Hersteller wie zum Beispiel Erwin Hymer Group Finance oder Knaus Tabbert Finance, oder sie arbeiten direkt mit Banken zusammen, die sich auf die Finanzierung von Freizeitfahrzeugen spezialisiert haben. Zu Letzteren zählen unter anderem die CA Auto Bank, Santander Consumer Bank, Consors Finanz und S-Kreditpartner.

2 Welche Voraussetzungen muss ich für eine Finanzierung erfüllen?

An einer Bonitätsprüfung kommt man als Kunde nicht vorbei. Sowohl die Einkommensverhältnisse als auch das Beschäftigungsverhältnis und Erfahrungen aus früheren Geschäftsbeziehungen spielen dabei eine Rolle. Standardmäßig stellen die Banken eine Schufa-Anfrage. Schließt man einen Kredit ab oder kommt mit einer Zahlung in Verzug, wird das bei der Schufa oder einer vergleichbaren Auskunftei vermerkt. Gut zu wissen: Auch wenn man ein Kreditangebot einholt, wird das gespeichert. Wer nur mal unverbindlich vergleichen will, sollte daher eine sogenannte Konditionsanfrage stellen, diese wird nicht gespeichert und bleibt anonym. Für die Spezialbanken dient die Kreditwürdigkeit als Entscheidungsgrundlage. Die Konditionen werden davon nicht beeinflusst. Das sieht bei der Hausbank anders aus: Je besser die Bonität, desto besser die Kreditangebote.

3 Welche Finanzierungsform ist die beste Wahl für mich?

Wer Wert auf Planungssicherheit legt, kann sich beim klassischen Ratenkredit über eine lange Laufzeit von bis zu 150 Monaten einen festen Zins sichern. Händler bieten neben solchen Ratenkrediten meist auch Drei-Wege-Finanzierungen an. Den Kreditnehmern stehen dabei am Ende der Laufzeit drei Wege offen: Sie geben das Fahrzeug zurück, sie vereinbaren eine Anschlussfinanzierung, oder sie werden nach Zahlung der Schlussrate Eigentümer des Campingfahrzeugs. Eine weitere Alternative ist die sogenannte Ballon-Finanzierung. Hier profitiert man von einer geringeren monatlichen Belastung, muss jedoch eine hohe Schlussrate einkalkulieren. Diese Form ist interessant, wenn in einigen Jahren ein höherer Geldbetrag zu erwarten ist. Auch hier ist der Zins während der Vertragsdauer festgeschrieben, die Laufzeiten sind jedoch kürzer als beim klassischen Ratenkredit.

4 Was bietet mir meine Hausbank an?

Bei der Hausbank bekommt man entweder ein Hypotheken- oder ein Verbraucherdarlehen. Zur Finanzierung eines Freizeitfahrzeugs eignet sich am besten Letzteres. Laufzeit und Kreditvolumen sind meistens begrenzt. Die Darlehenskosten richten sich nach der Bonität des Kunden. Entscheidet man sich für ein Hypothekendarlehen, bekommt man zwar oft bessere Konditionen, hat aber den Nachteil, dass man das Darlehen nicht vorzeitig zurückzahlen kann. Im schlechtesten Fall zahlt man dann Raten für ein Fahrzeug, das man nicht mehr besitzt. Der Vorteil einer Finanzierung bei der Hausbank besteht darin, dass man meistens schon jahrelang zusammenarbeitet und die Bank die finanziellen Spielräume des Kunden kennt. Wer ein passendes Angebot der Hausbank hat, kann beim Händler vom Barzahlerrabatt profitieren.

5 Wie kann ich unterschiedliche Angebote vergleichen?

Die Höhe der monatlichen Raten ist ein scheinbar offensichtlicher Vergleichswert, doch muss man darauf achten, dass die Laufzeiten und Darlehenssummen variieren können. Ein gutes Instrument für die Vergleichbarkeit ist der effektive Jahreszins, der in Prozent ausgewiesen wird. Er gibt die tatsächlichen Gesamtkosten an, die pro Jahr für das Darlehen anfallen. Darin enthalten sind zusätzliche Kosten wie etwa Vermittlungs- oder Kontoführungsgebühren. Viele vertrauen beim Auswählen auch auf Vergleichsportale im Internet. Bei dieser Recherche sollte man sich bewusst sein, dass die Portale keine hundertprozentige Marktabdeckung bieten. Vor dem Angebotsvergleich sollte man prüfen, ob eventuell durch voreingestellte Filter bestimmte Angebote ausgeblendet werden.

6 Wie viel kann ich mir monatlich überhaupt zumuten?

Das ist natürlich individuell unterschiedlich. Zuerst sollte man sich einen guten Überblick über die regelmäßigen monatlichen Einnahmen und Ausgaben verschaffen. Wichtig ist dabei, einen Puffer für unerwartete Ausgaben einzuplanen. Auf jeden Fall erscheint es ratsam, beim Kauf einen Teilbetrag anzuzahlen. Dadurch vermindert sich die Darlehenssumme und somit auch die anfallenden Zinsen. Anzahlungen können in bar gemacht werden, oder man gibt ein Fahrzeug in Zahlung. Pflicht ist eine Anzahlung meist bei Sonderzinsaktionen, wie sie von Händlern oder Herstellern angeboten und subventioniert werden. Diese haben meist eine relativ kurze Laufzeit, dafür aber einen niedrigen effektiven Jahreszins.

7 Wie sinnvoll sind eigentlich Sondertilgungen?

Sieht der Darlehensvertrag die Möglichkeit einer Sondertilgung vor, dann spricht nichts dagegen, diese auch zu nutzen. Durch den zusätzlichen Betrag verkürzt sich die Laufzeit bei gleichbleibender Monatsrate. Zahlt man einen Kredit auf diese Weise schneller zurück als mit der Bank ausgemacht, so steht ihr in bestimmten Fällen eine Entschädigung zu. Bei Ratenkrediten ist diese seit 2010 auf höchstens ein Prozent der Restschuld des Kredits beschränkt. Noch besser: Man achtet beim Vertragsabschluss bereits darauf, dass eine mögliche Sondertilgung ohne Vorfälligkeitsentschädigung festgeschrieben ist.

8 Wie sieht es mit der Finanzierung von Gebrauchten aus?

Auch für Caravans und Wohnmobile aus zweiter Hand werden oft noch erkleckliche Summen fällig. Einige Kreditinstitute bieten deshalb auch die Finanzierung von gebrauchten Freizeitfahrzeugen an. Ausschlaggebend bei den Spezialbanken ist hierbei meist das Alter des Fahrzeugs. Je nach Anbieter kann die Altersgrenze variieren. Es ist daher sinnvoll, sich verschiedene Angebote einzuholen und zu vergleichen. Bei der Finanzierung Gebrauchter kann man allerdings selten von attraktiven Sonderaktionen der Händler und Banken profitieren.

9 Wie sinnvoll sind eigentlich Sondertilgungen?

Die GAP-Versicherung deckt etwa bei Totalschaden oder Diebstahl des Fahrzeugs die Differenz zwischen dem Wiederbeschaffungswert und offenen Forderungen des Darlehensgebers ab. Die Abkürzung »GAP« steht für die Bezeichnung »Guaranteed Asset Protection«, was übersetzt »Garantierter Vermögensschutz« bedeutet. Sie gibt zusätzliche Sicherheit, da der Wiederbeschaffungswert geringer ausfallen kann als die noch fälligen Raten. Eine Kreditschutzversicherung dient zur Absicherung von Kreditausfallrisiken. Das können der Todesfall, aber auch Arbeitsunfähigkeit oder Arbeitslosigkeit sein. Abhängig vom Versicherungsumfang werden im Leistungsfall die Raten übernommen, oder der Kredit wird komplett getilgt.

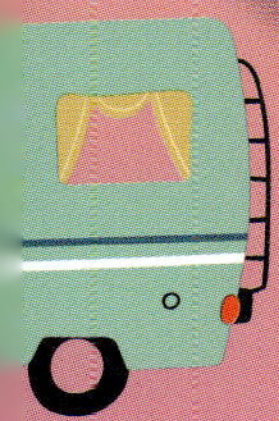

Auf der sicheren Seite

Die richtige Kfz-Versicherung fürs neue Reisemobil zu finden, ist gar nicht so leicht. promobil hilft durch den Tarif-Dschungel und gibt Tipps sowie Hilfestellungen. Plus: Warum Schutzbriefe wichtig sind.

Text C. Streng **Fotos** Adobe Stock/T. Aumann/Danny S./M. Mainka/auremar, PI Cuxhaven-Wesermarsch

Will man den derzeitigen Werbebotschaften von Versicherungsgesellschaften glauben, halten beinahe alle Unternehmen optimale, maßgeschneiderte und selbstverständlich günstige Haftpflicht- und Kasko-Policen für Reisemobile parat. Klar, wenn man bedenkt, dass die Konkurrenz unter den Wohnmobil-Versicherungen groß ist. Doch welche Versicherungsgesellschaften bieten denn nun die besten Policen?

Hier zeigt sich in der Praxis: Will ein Verbraucher den für sich individuell passenden und dazu noch preiswerten Tarif finden, bedeutet das viel Zeit und Mühe, denn – wie eine bekannte Redewendung es beschreibt – der Teufel steckt im Detail. Deshalb müssen Preise und Leistungen eingehend miteinander verglichen werden. Immerhin verlangen einige Gesellschaften für den gleichen Policen-Inhalt vier Mal so viel Geld wie andere.

Ein besonderes Augenmerk sollte prinzipiell auf die einzelnen Leistungen gelegt werden, auch um im Schadenfall nicht im Regen zu stehen. Relativ einfach zu bewerten ist die gesetzlich vorgeschriebene Kfz-Haftpflicht: Da ihre Leistungen bei allen Tarifen nahezu gleich sind, kann man getrost nach dem Preis entscheiden. Zu beachten ist eine möglichst hohe Deckungssumme; für ein paar Euro Aufpreis kann der Pauschalschutz auf 100 Millionen Euro, bei Personenschäden auf 12 Millionen Euro erhöht werden.

Allerdings deckt die Haftpflichtversicherung nur Schäden ab, die man bei einem anderen Verkehrsteilnehmer verursacht. Um Schäden am eigenen Reisemobil ersetzt zu bekommen, ist eine Kaskoversicherung nötig. Dabei zahlt die Teilkasko bei Brand, Sturm, Explosion, Diebstahl und Glasbruch. Bei Hagel, der an Reisemobilen oft teuer zu behebende Schäden verursacht, gilt teils ein höherer Selbstbehalt. Hat das Fahrzeug ein Dach aus Glasfaser-verstärktem Kunststoff (GfK), sind einige Tarife günstiger. Die Vollkasko enthält eine Teilkasko und zahlt zusätzlich bei Vandalismusschäden und auch solchen, die man selbst am eigenen Fahrzeug verursacht.

Nostalgisch wirkt der Röhrenmonitor für die Rückfahrkamera. Immer noch gut: Sprinter mit Fünfzylinder und Automatik.

Inhaltsversicherung für Freizeitmobile

Einige Versicherer bieten eine sogenannte Inhaltsversicherung für Reisemobile an. Sie ist vergleichbar mit einer Hausratversicherung und umfasst gewöhnlich Schäden an allen Dingen, die nicht fest eingebaut sind, wie Fotoausrüstung, Computer und Gepäck. Dabei gelten meist Höchstsummen, die im Versicherungsfall gezahlt werden, häufig belaufen sie sich auf 10 000 Euro. Sie zahlt für Schäden bei Einbruch, Diebstahl, Raub, Vandalismus, Brand, Sturm, Hagel und Überschwemmungen sowie bei Beschädigungen auf Grund eines Unfall des Reisemobils. Achtung: Auch wenn sich das Gerücht hartnäckig hält – die reguläre Hausratversicherung greift nicht bei Reisemobilen, es sei denn, man hat einen Tarif abgeschlossen, der ausdrücklich den Hausratschutz auf Kfz erweitert, die auf der Straße parken.

Bei Schäden an oder Diebstahl von nicht fest verbauten Gegenständen greift die Inhaltsversicherung.

Davon ausgehend, dass das neue Mobil bereits eine beträchtliche Summe gekostet hat, sollte auch der Kasko-Schutz entsprechend sein. So richtet sich denn auch der Preis für die Vollkaskoversicherung in erster Linie nach dem Listenneupreis (zuzüglich festmontierter Sonderausstattung wie Solarmodule) des Reisemobils zum Zeitpunkt der Erstzulassung. Nachvollziehbar also, das die Vollkasko für einen kostspieligen Integrierten teurer ist als für einen günstigeren Campingbus. Unbedeutend für die Höhe der Versicherung ist hingegen die Art des Aufbaus.

Einfluss auf die Versicherungsprämie hat zudem die Höhe der Selbstbeteiligung: Während bei der Teilkasko ein Selbstbehalt von 150 Euro üblich ist, werden bei der Vollkasko in der Regel

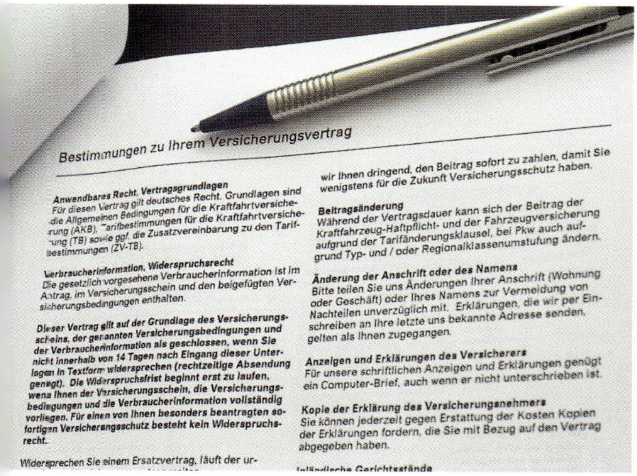

Ganz entscheidende Vertragsdetails sind oftmals gut versteckt und nur im seitenlangen Kleingedruckten zu finden.

Spezialisierte Versicherungsmakler beraten sachkundig und haben meist auch Lösungen für individuelle Anfragen.

500 Euro Eigenanteil festgelegt. Auch die Schadenfreiheitsklasse hat direkten Einfluss auf die Beitragshöhe, die bei Reisemobilen meist nur 20 Klassen umfasst (im Vergleich: bei Pkw sind es bis 50 Klassen). Achtung: Hier ist Verhandlungsgeschick vonnöten, denn gerade für Erstbesitzer, die zwar schon jahrelang Pkw schadenfrei fahren, aber noch kein Reisemobil hatten, ist eine – zumindest partielle – Anerkennung ihrer (Kfz-) Schadenfreiheitsklasse viel Geld wert.

Mitentscheidend für den Vertragsabschluss sollten außerdem weitere Versicherungsleistungen sein, die häufig nur im Kleingedruckten stehen. Dazu zählt beispielsweise die Neuwerterstattung des Mobils bei Diebstahl oder Totalschaden in den ersten sechs, zwölf oder 24 Monaten – eine Leistung, die sich nur selten in Verträgen findet.

Ähnliches gilt für Schäden durch Mader- oder andere Tierbisse sowie deren Folgeschäden, auch diese Versicherungsleistungen werden von manchen Anbietern nur beschränkt angeboten oder gleich komplett ausgeschlossen. Deshalb ist ein Policen-Vergleich unbedingt zu empfehlen.

Wer jetzt bereits weiß, dass ihm das Gewirr des Tarif-Dschungels zu unübersichtlich ist, kann auf die Dienste von Versicherungsvermittlern und -maklern zurückgreifen. Sie arbeiten mit einer oder mehreren Versicherungsgesellschaften zusammen und gewährleisten Beratung, für die sie eine Dokumentationspflicht haben. Die auf Freizeitfahrzeuge spezialisierten Anbieter sind im Kasten rechts aufgeführt. Ihr Vorteil: langjährige Spezialisierung auf Campingfahrzeuge, detailreiches Wissen, eventuell Sonderkonditionen.

Daneben vertreiben noch Direktversicherer Kfz-Policen, und zwar ausschließlich über das Internet, per Telefon oder per Post, denn diese Unternehmen arbeiten ohne Vermittler und sind laut Gesetz auch nicht zur Beratung ihrer

Entsteht durch Fremdverschulden ein Schaden am Reisemobil, greift die Haftpflichtversicherung des Unfallgegners. Ist der Schaden selbst verschuldet, kann die Vollkasko einspringen.

Versicherungsvergleich

Online-Portale wie Check-24 und test.de bieten einen guten ersten Überblick über Versicherungen. promobil hat für drei beliebte Reisemobile die Preise gecheckt: Parameter waren Neuverträge für neue Reisemobile mit Haftpflicht und Vollkasko (Selbstbehalt von 500 Euro/150 Euro), Tierbisse und Folgeschäden, Neuwerterstattung bei Diebstahl/Totalschaden, keine Werkstattbindung, keine grobe Fahrlässigkeit. Alle Ergebnisse ohne Gewähr.

Carthago Chic C-Line I 4.9

Typ: Voll-Integrierter
Grundpreis: 105 000 Euro
Fahrer: 65 Jahre, unfallfrei seit 30 Jahren, Carport auf eigenem Grundstück, eigenfinanziert, Zweitwagenregelung
HDI (über ESV): 724,95 Euro [2]
WGV Optimal: 779,04 Euro [2]
Kravag (über RMV): 883,98 Euro [1]
VHV: 952,26 Euro [1]
Allianz Standard: 1113,64 Euro [2]
HDI Motor Komfort: 1121,33 Euro [1]
Concordia: 1250,30 Euro [1]
Helvetia (ü. Horbach): 1491 Euro [2]
Dialog: 2391,52 Euro [1]
S Direkt: 4255,88 Euro [1]

[1] Mit Einschränkungen
[2] Mit Neuwerterstattung

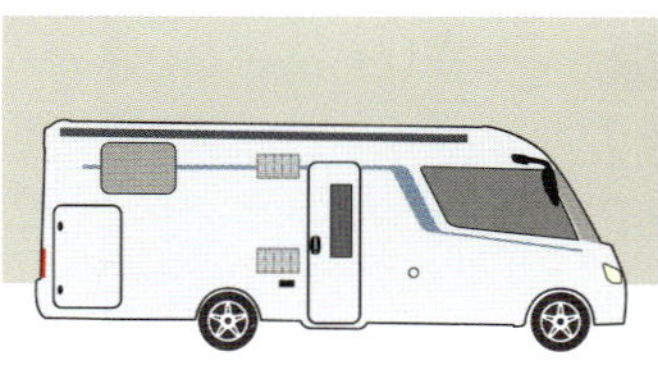

Hymer Exsis B-Klasse, Modern Comfort T 580

Typ: Teil-Integrierter
Grundpreis: 65 000 Euro
Fahrer: 55 Jahre, unfallfrei seit 25 Jahren, Parken auf der Straße, eigenfinanziert, Zweitwagenregelung
HDI (über Accura): 583,64 Euro [2]
Kravag (über RMV): 627,46 Euro [1]
WGV Optimal: 675,93 Euro [2]
Allianz Standard: 823,35 Euro [2]
Helvetia (über Horbach): 882,00 Euro 2
Die Continentale: 972,10 Euro [1]
Ergo Spezial: 1219,83 Euro [2]
Universa FlexxDrive: 1079,58 Euro [1]
Alte Leipziger Comfort: 1257,71 Euro [2]
Dialog Versicherung: 1375,51 Euro [2]

[1] Mit Einschränkungen
[2] Mit Neuwerterstattung

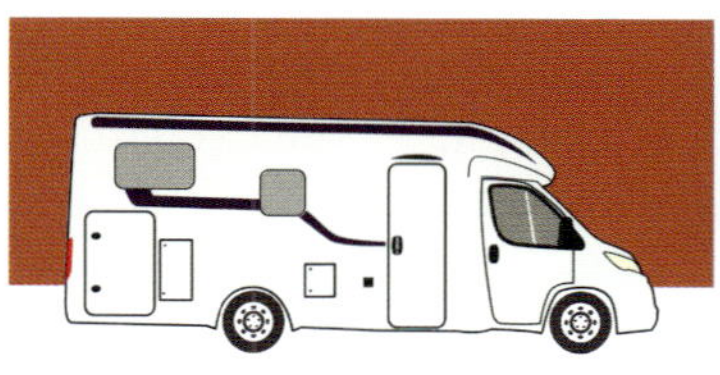

Pössl Summit 600

Typ: Kastenwagen
Grundpreis: 50 000 Euro
Fahrer: 35 Jahre, unfallfrei seit 8 Jahren, Parken auf der Straße, eigenfinanziert, Erstwagen
Helvetia (über Horbach): 468 Euro [2]
Kravag (über RMV): 569,60 Euro [1]
HDI (über ESV): 652,54 Euro [2]
WGV Optimal: 656,31 Euro [2]
Europa Standard: 634,02 Euro [1]
DEVK Komfort: 797,18 [1]
VHV Standard: 1035,39 Euro [1]
Alte Leipziger Comfort: 1211,18 Euro [1]
AXA mobil: 1321,66 Euro [1]
Sparkasse DirektVersicherung: 2719,35 Euro [1]

[1] Mit Einschränkungen
[2] Mit Neuwerterstattung

Kunden verpflichtet. Da sie geringere Vertriebskosten haben, sind ihre Konditionen auf den ersten Blick oftmals günstiger. Allerdings sollte man sich hier ausreichend Zeit nehmen und die Versicherungsleistungen ganz genau prüfen und vergleichen.

Schutzbriefe

Zusätzlich zur Fahrzeug-Versicherung bieten Versicherungsgesellschaften auch Auto-Schutzbriefe an, die direkt in die Kfz-Versicherung eingebaut werden. Ihr Vorteil: Sie sind für einen geringen Aufschlag von meist 10 bis 30 Euro buchbar.

Entsprechend sind demzufolge aber auch die Leistungen: So belaufen sich beispielsweise die Höchstgrenzen für Pannenhilfe und Abschleppdienst meist nur auf bis zu 150 Euro pro Schadenfall und werden auch dann nur gezahlt, wenn der Schaden mindestens 50 Kilometer vom Wohnort entfernt entstanden ist. Außerdem beschränkt sich der Autoschutzbrief immer auf das Fahrzeug, für welches auch die Kraftfahrzeugversicherung besteht.

Anders verhält es sich bei sogenannten »Solo-Schutzbriefen«, die unabhängig vom eigenen Kfz-Versicherer bei jeder Versicherungsgesellschaft abgeschlossen werden können sowie

Bei Mader- und anderen Tierbissen sowie deren Folgeschäden zahlt die Teilkaskoversicherung – meist aber nur beschränkt.

Hagelschäden zählen zu den häufigsten Versicherungsfällen. Glücklich, wer ein GfK-Dach besitzt.

bei gängigen Automobilclubs in der Mitgliedschaft enthalten sind. Aber Achtung: Wer nur eine Basis-Mitgliedschaft bei einem Automobilclub hat, erhält auch nur Basis-Leistungen. Deshalb sind richtig genommen nur Solo-Schutzbriefe und Schutzbriefe von Automobilclub-Premium-Mitgliedschaften vergleichbar.

Firma	Versicherungsgesellschaft
Horbach GmbH in Düsseldorf Telefon 02 11/8 64 11 66 www.horbach24.de	Helvetia
RMV GmbH in Heinsberg Telefon 0 24 52/97 70 70 www.rmv-versicherung.de	Kravag
Accura GmbH in Nürnberg Telefon 0911/58 07 00 www.accura.de	HDI
ESV Schwenger in Stuttgart Telefon 07 11/4 59 60 20 https://esv-schwenger.de	HDI
CA Camping Assekuranz in Nürnberg, Telefon 09 11/580 70 40 www.reisemobilversicherung.de	HDI und Kravag
Jahn & Partner GmbH in Mering Telefon 0 82 33/3 80 90 www.jahnupartner.de	Nürnberger und Helvetia
Versicherungsmakler Schwarz in Laatzen Telefon 0 51 02/22 22 https://freizeit-schwarz.jimdo.com	Diverse

Typische Leistungen dieser Schutzbriefe sind Pannen- und Unfallhilfe, Abschleppen, Mietwagen nach Fahrzeugausfall, Bergen des Fahrzeugs, Fahrzeugunterstellung oder Fahrzeugrücktransport. Meist zusätzlich abgesichert sind neben den eigenen Fahrzeugen auch gemietete und geliehene, und der Versicherungsschutz greift bereits ab der Haustür.

Aber auch hier ist entscheidend: Unbedingt die einzelnen Versicherungsleistungen und die Erstattungsgrenzen beachten und vergleichen, denn alle Versicherer und Automobilclubs haben in ihren Schutzbriefen Einschränkungen zu den versicherbaren Fahrzeugen, die unter anderem das zulässige Gesamtgewicht des Fahrzeugs, teilweise die Länge, Breite und Höhe sowie das Alter oder den Wert betreffen. Ebenso variieren je nach Anbieter zum Beispiel die Fahrzeugmaße, bis zu denen ein Reisemobil abgeschleppt wird.

Wichtig sind in dem Zusammenhang auch die personenbezogenen Leistungen, zu denen die Übernahme von Übernachtungskosten oder der Rücktransport im Krankheitsfall zählen. Hier sollte unbedingt darauf geachtet werden, dass die Rückholung nicht nur im medizinisch notwendigen, sondern auch im medizinisch sinnvollen Fall erfolgt. Der Unterschied: Der medizinisch sinnvolle Transport wird auch dann durchgeführt, wenn keine medizinische Notwendigkeit vorliegt. Hintergrund ist: Die Genesungsdauer ist in einer gewohnten Umgebung in der Regel verkürzt. Und noch ein letzter Tipp: Für die Erbringung mancher Schutzbrief-Leistungen gilt eine Obergrenze bei der Reisedauer.

Reise-Versicherungsschutz

Ein Unfall im Ausland kann größere Probleme mit sich bringen, weil die gesetzlichen Vorgaben für Kfz-Versicherungen sowie deren Versicherungsleistungen in anderen Ländern einige Schadenpositionen nicht ersetzen oder nur unzureichende – im schlechtesten Fall gar keine – Deckungssummen beinhalten.

Deshalb bieten einige Versicherer als Ergänzung zum regulären Versicherungsschutz einen Auslandsschadenschutz an, mit dem sie einen Unfall so regulieren, als sei er in Deutschland passiert. Schadenersatz wird so nach deutschen Recht bezahlt, und der Streit mit ausländischen Versicherungen oder Anwälten entfällt.

Zur Regulierung eines Schadens durch einen Unfall im Ausland kann auch die eigene Vollkaskoversicherung herangezogen werden, selbst wenn man keine Schuld am Unfall hat. Das kann durchaus hilfreich sein, wenn der Unfallgegner seine Schuld bestreitet und ein langwieriges Verfahren in Aussicht steht. Der Nachteil: Es erfolgt eine Rückstufung beim Schadenfreiheitsrabatt.

Umfasst die Kaskoversicherung das sogenannte Seerisiko, kommt der Versicherer auch für Schäden wie Kollision während einer Fährüberfahrt auf.

Der Krankenrücktransport wird bei den meisten Kfz-Schutzbriefen der Automobilclubs bereits im medizinisch sinnvollen Fall gewährt.

Eine weitere Möglichkeit, sich bei Reisen im Ausland entsprechend abzusichern, ist der sogenannte Auslandsschutzbrief, der – und das ist die einzige Unterscheidung zum Kfz-Schutzbrief – eben auch im Ausland gilt. Ein Auslandsschutzbrief garantiert Versicherungsleistungen in Europa und den angrenzenden Mittelmeerstaaten, einige bieten sogar Hilfe weltweit.

Ähnlich wie beim Kfz-Schutzbrief umfasst die Versicherung Autopannen- und Unfallhilfe oder Diebstahl und enthält häufig auch personenbezogene Leistungen wie Krankenrücktransport aus dem Ausland oder Soforthilfe bei Verlust von Zahlungsmitteln und Reisedokumenten. Doch auch hier gilt es, sich die einzelnen Versicherungsleistungen sowie deren maximale Versicherungssumme genauestens anzuschauen und zu vergleichen. Die Unterschiede sind durchaus erheblich. ■

GUT ZU WISSEN

Auch mit Auslandsschutzbrief sind Reparaturkosten nach Pannen und Unfällen nicht versichert. Zwar ist, im Rahmen der Höchstgrenzen, die Pannenhilfe vor Ort mitversichert, nicht aber weitergehende Reparaturarbeiten in einer Werkstatt.

Geografischer Geltungsbereich von Kfz-Versicherungen

In der Regel gilt die deutsche Kraftfahrzeug-Versicherung innerhalb der geografischen Grenzen Europas. Allerdings schließen einige Versicherer Gebiete aus, wie beispielsweise Russland, akzeptieren dafür aber außereuropäische Staaten wie Marokko und Tunesien. Deshalb ist es wichtig, sich die entsprechenden Ausführungen in der Versicherungspolice ganz genau anzuschauen. Vorsicht ist geboten bei Reisen in die Türkei: Hier gilt der Versicherungsschutz häufig nur für den ganz kleinen europäischen, nicht aber für den asiatischen Teil. Um also den vollen Schutz zu haben, sollte bei der Versicherung genauestens nachgefragt und im Zweifelsfall eine Deckungserweiterung gebucht werden. Der Blick auf die Grüne Versicherungskarte gibt zusätzlich Auskunft über die Länder, für die der Versicherungsschutz gilt. Achtung: Auch in Zeiten von Digitalisierung ist das Mitführen der Grünen Versicherungskarte noch immer Pflicht in einigen Ländern.

Wo genau die Kfz-Versicherung gilt, steht auf der Grünen Versicherungskarte.

Elementar versichert?

Extreme Wetterereignisse nehmen zu. Auch Reisemobile sind mitunter von Hagel oder Überschwemmungen betroffen. Welche Versicherung kommt nun für die Schäden auf?

Text Yelva Steinmetz
Fotos Wirestock/Adobe Stock, D. Heinz, G. Happel

Auch in diesem Jahr berichteten die Medien bereits mehrfach über extreme Wetterereignisse. Rekordregenmengen, verheerende Hochwasser und Hagelschlag hatten dramatische Folgen, erzeugten Milliardenschäden an Hab und Gut. Auch Reisemobile blieben davon nicht verschont.

Hagelkörner verursachen oft große Schäden an Reisemobilen, denn stark verbeulte Alu-Sandwichwände können meist nicht durch Spachteln, Schleifen und Beilackieren repariert werden, sondern müssen am Stück und damit sehr arbeitsintensiv ausgetauscht werden. So kommt schnell eine Rechnung von mehreren tausend Euro zustande.

Um im Falle eines solchen Schadens keine Riesensumme aus der eigenen Tasche bezahlen zu müssen, sollte man seinen persönlichen Versicherungsschutz prüfen und gegebenenfalls anpassen.

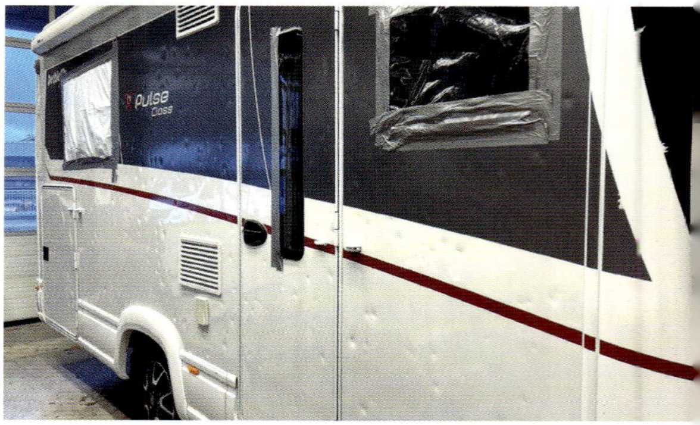

Die Reparatur eines Hagelschadens am Reisemobil kann enorme Summen verschlingen, erst recht wenn wie hier der gesamte Aufbau betroffen ist.

Versicherungen

Zu den Unwetterereignissen, die Elementarschäden an Reisemobilen verursachen können, gehören unter anderem Sturm, Überschwemmungen, Brand, Hagel und Erdbeben. Aber welche Versicherung kommt nun für solche Elementarschäden auf? Neben der gesetzlich vorgeschriebenen Haftpflichtversicherung, die für Schäden aufkommt, die man selbst an Fahrzeugen oder Eigentum einer anderen Person verursacht, kann man zusätzlich eine Teil- oder Vollkaskoversicherung abschließen. Die Teilkasko kommt für einige Kosten von Schäden am eigenen Wohnmobil auf, die durch äußere Einflüsse verursacht worden sind. Dazu zählen auch Schäden durch Naturkatastrophen oder den Zusammenstoß mit Tieren. In Hinblick auf Elementarschäden am Camper reicht also die Teilkaskoversicherung vollkommen aus. Um noch mehr Sicherheit zu haben, entscheiden sich viele Camper dazu, ihr Reisemobil mit einer Vollkaskoversicherung zu schützen. Diese übernimmt zusätzlich die Kosten von selbstverschuldeten Schäden und Schäden, die durch Vandalismus entstanden sind – gut zu wissen, wenn das Fahrzeug auf einem ungesicherten Abstellplatz steht. Die Vollkaskoversicherung lohnt sich besonders dann, wenn Ihr Reisemobil neu und dementsprechend von hohem Wert ist.

Bei der Wahl des Versicherungsanbieters gibt es einiges zu beachten. Manche beziehen beispielsweise nicht alle Naturkatastrophen in die Teilkaskoversicherung mit ein. Der Versicherer sollte auch eine Neu-bzw. Kaufpreisentschädigung, meist bis zu 24 Monaten, anbieten. Außerdem ist es ratsam, Kollisionen mit allen Arten von Tieren zu versichern und nicht nur jene mit Wildtieren. Hat Ihr Wohnmobil ein Saisonkennzeichen, sollte außerhalb der Saison eine Ruheversicherung bestehen. Reisen Sie gerne weiter weg, achten Sie bei Abschluss der Versicherung darauf, dass Schadensersatz beim Transport auf der Fähre berücksichtigt wird. Bedenken Sie außerdem, dass alles, was sich an losen Gegenständen im Reisemobil befindet, das heißt Kleidung, elektronische Geräte oder Sonstiges, nicht automatisch mitversichert ist. Dafür gibt es extra Inhaltsschutz-Versicherungen.

Kosten

Die Kosten variieren je nach Versicherung, Anbieter und zu versicherndem Gefährt. Um eine jedenfalls ungefähre Preisvorstellung zu bekommen, können Sie sich auf vielen Internetseiten zur ersten Orientierung einen Tarif für Ihr Fahrzeug berechnen lassen.

Dafür brauchen Sie die Daten Ihres Reisemobils, wie den Neupreis, die Motorleistung, den Aufbau-

»Camping bedeutet: raus in die Natur. Doch die Nähe zur Natur bringt auch mit sich, dass Campingplätze von Naturkatastrophen heimgesucht werden.«

Ja, das kann auch passieren. Kurz abgelenkt und von der Spur gekommen. In diesem Fall sollte eine Vollkaskoversicherung abgeschlossen sein.

Starke Schäden führen oft dazu, dass ganze und große Bauteile getauscht werden müssen – wie hier die komplette Außenwand.

typ und eine Vorstellung der jährlichen Kilometerleistung sowie Daten zu Ihrer Person. Den Selbstbehalt kann man wählen. Je niedriger Sie den Selbstbehalt angeben, desto teurer wird der Tarif. Wir haben Ihnen auf der Internetseite von ESV Schwenger die Versicherungssumme einer Vollkaskoversicherung anhand zweier Beispiele berechnet. Die Selbstbeteiligung liegt bei beiden Beispielen bei 500 Euro. Das erste Beispiel ist ein Pössl Summit Prime 600, ein Kastenwagen mit einer Motorleistung von 103 kW und einem zulässigen Gesamtgewicht von 3500 kg. Neu kostet der Summit Prime 59 000 Euro. Ausgehend von einer jährlichen Kilometerleistung von 7500 km, kostet die Vollkaskoversicherung rund 720 Euro.

Bei Vollintegrierten, wie dem Carthago Chic C-line 4.9 LE Fiat Ducato, sieht das ein bisschen anders aus. Der Carthago hat eine Motorleistung von 132 kW, eine zulässige Gesamtmasse von 4250 kg und kostet 130 230 Euro. Bei diesem Beispiel sind wir von einer jährlichen Kilometerleistung von 15 000 km ausgegangen. Die Vollkaskoversicherung würde hier um die 1330 Euro kosten.

Fazit: Schon die relativ günstige Teilkaskoversicherung kommt für die meisten Elementarschäden auf. Und die kommen in freier Natur häufiger vor, als man denken möchte. So oder so gilt: Nicht nur bei Reisemobilen mit Sandwichaufbau ist die Versicherung letztlich günstiger als die anfallende Reparatur im Schadensfall. ■

Schadenfreiheitsklassen

Bei der Versicherungssumme ist auch bei Reisemobilen die Schadenfreiheitsklasse elementar: Der Versicherer hält die Anzahl der Jahre, in denen unfallfrei gefahren wurde, fest. Diese Anzahl wird dann in einen Prozentsatz umgerechnet. Dies nennt man den Schadenfreiheitsrabatt, der auf den von dem Versicherungsnehmer gezahlten Versicherungsbeitrag angerechnet wird. Je länger man unfallfrei fährt, desto günstiger wird der Betrag der Reisemobilversicherung. In der Regel kann man die Schadenfreiheitsklasse seines Pkw auch auf die Reisemobilversicherung übernehmen. Dann wird das Wohnmobil gleich eingestuft. Manchmal ist es aber sinnvoll, einen kleineren Unfall selbst zu bezahlen. Es kann sein, dass die Reparaturkosten eines kleinen Kratzers durchaus niedriger sind als die Folgekosten für eine Hochstufung der Schadenfreiheitsklasse.